つくって学ぶ
Processingプログラミング入門

博士(工学) 長名 優子
博士(工学) 石畑 宏明
博士(工学) 菊池 眞之
博士(工学) 伊藤 雅仁
共著

コロナ社

まえがき

　本書は，プログラミング初学者を対象として，「物事を論理的に考えて課題を解決する練習」をプログラミングの学習を通して実践するためのものです。近年，論理的思考力を伸ばすことを期待して，プログラミング教育を小学校でも始めようとする試みがあります。これまでのプログラミング教育は，コンピュータにさせたいことを記述するための文法知識やプログラミングのテクニックが中心に置かれていました。しかし，論理的思考による問題解決のトレーニングを目的とするプログラミング教育のためには，それに適した教材が必要と感じ本書を著しました。

　本書では，Processing というプログラミング言語を使用してプログラムの作成を行っていきます。Processing は，必要最小限の記述である程度の機能を持つプログラムを作成でき，入力したプログラムをすぐに実行できます。グラフィックス機能・マウスやキーボード入力インターフェースに優れ，プログラムを実行した結果をビジュアルに確認することが簡単にできます。「このように記述すれば，このような結果が得られる」という論理的な筋道を簡単に表現し，その動作の確認が行えるので，論理的思考力をトレーニングする教材として最適と考えています。本書は，理系の大学初年度程度の知識を持つ，初めてプログラミングに取り組む学生を対象としていますが，高校生でもある程度理解できる内容になっています。

　学習者には，プログラムに興味を持ちプログラミングの面白さを知ってもらいたいと考えています。そこで，プログラミングの課題を，学生が興味が持てる内容であり，かつ，これまで中学・高校を通して学んできた知識を活用する機会を与えるようなものにしました。例えば三角関数などこれまでなんの役に立つのだと思いながら勉強してきた数学の知識が，図形を描画するという課題に直面したときに，実際に有用なことをプログラムの作成を通して実感できます。また，英語で表示されるエラーメッセージも，慣れればどうということもないことに気がつきます。思い通り動かないプログラムと悪戦苦闘しながらも，完成したときの達成感は大きいものです。

　1章から7章までで，基本的なプログラミングの技術の最低限の要素を学びます。初学者を対象としていますので，はじめはステップバイステップで丁寧にプログラムの書き方を説明していきます。なお，新しい要素や概念は，必要に応じてその都度説明します。2章では，Processing を使用して簡単な図形を描くプログラムを作成します。3章では，変数と繰り返し文の使用方法，4章では条件文の書き方を学びます。5章では，マウス・キーボードからの

入力によってプログラムの振る舞いを変える方法を学びます。これによって，ゲームなどの会話的な処理ができるようになります。6章では，関数の作成方法と使い方，7章では，配列の作り方と使い方を学びます。ここまでで，多くのプログラミング言語で共通に現れる，プログラミングの基本的な技術を学びます。例題に沿って，実際にプログラムを入力して動作確認をしていってください。

　8章以降は，それぞれがプロジェクトになっています。プロジェクトで作成するプログラムは，行数は短いけれどもそれなりの複雑さを持ったプログラムです。プログラムは穴埋め形式になっており，処理の流れを考えながらプログラムを入力するという作業で進めます。基本的な機能を実装・動作させた後は，各自自分のアイディアを追加機能として組み込んでください。8章では時計を，9章ではストップウォッチを作成します。10章では，音楽ファイルを読み込んでそれを映像として表現するサウンドビジュアライザを作成します。11章では，アクションゲームの作成に挑戦します。最後の12章では，迷路ゲームを作成します。乱数を使用して迷路を生成し，その上でゲームを行うプログラムを作ります。さらに，コンピュータにその迷路を解かせるプログラムを作成します。最後には，それを3次元的な表示が行えるように拡張します。学習者の皆さんには，それぞれのプログラミングの課題の実現を通して，論理的に考える習慣をつけ，タイピングに慣れ，英語や数学の知識を活用できるようになることを期待します。なお，本書の執筆分担は1～3章（石畑），4，5章（菊池），6章（長名，伊藤），7～9章（長名），10章（石畑，伊藤），11章（菊池，長名），12章（石畑，長名）となっています。また，図面がカラーのものについては，コロナ社のWebページ（p.20参照）からダウンロードできます。

　本書は，Windows10をプラットフォームとして使用し，この上で動作確認を行っています。使用しているProcsessingのバージョンは3.1.1です。ProcessingやWindowsは，今後バージョンアップの可能性があります。内容について万全を期して制作しましたが，万一誤りや不備がありましたら出版元までご連絡ください。なお，本書の内容の運用による結果の影響について，一切の責任を負いかねます。最後に，本書執筆のきっかけを与えていただいた東京工科大学コンピュータサイエンス学部亀田学部長に，また執筆にあたり種々のサポートをいただいたコロナ社に深謝いたします。

2016年12月　　　　　　　　　　　　長名　優子，石畑　宏明，菊池　眞之，伊藤　雅仁

本書を執筆するに当り，下記の書籍を参考いたしました。
Casey Reas, Ben Fry，船田　巧 訳：Processingをはじめよう，オライリー・ジャパン（2011）
Ben Fry，増井俊之 監訳，加藤慶彦 翻訳：ビジュアライジング・データ ―Processingによる情報視覚化手法―，オライリー・ジャパン（2008）
三井和男：デザイン言語 Processing入門 ―楽しく学ぶコンピュテーショナルデザイン，森北出版（2011）
ダニエル・シフマン，尼岡利崇 監修：Nature of Code ―Processingではじめる自然現象のシミュレーション―，ボーンデジタル（2014）
谷尻かおり，谷尻豊寿 監修：Processingによる画像処理とグラフィックス，カットシステム（2012）

目　　次

1. Processing を始めるための準備

1.1　Processing のインストール …………………………………………………… *1*
1.2　動　作　確　認 ……………………………………………………………… *2*
1.3　設定とメニューの使い方 ……………………………………………………… *3*

2. 初めての Processing

2.1　画　像　デ　ー　タ ………………………………………………………… *5*
2.2　プログラミング ………………………………………………………………… *6*
　2.2.1　最初のプログラム ……………………………………………………… *6*
　2.2.2　図形の塗りつぶし ……………………………………………………… *7*
　2.2.3　線の色の指定 …………………………………………………………… *9*
　2.2.4　背　　　　景 …………………………………………………………… *9*
章　末　問　題 ……………………………………………………………………… *10*

3. 変数と繰り返し文

3.1　変　　　　数 ………………………………………………………………… *11*
　3.1.1　変　数　の　宣　言 …………………………………………………… *11*
　3.1.2　変数を使用した演算 …………………………………………………… *12*
3.2　処理を繰り返す ………………………………………………………………… *14*
　3.2.1　繰り返し文（for 文） ………………………………………………… *14*
　3.2.2　for 文のネスト（入れ子） …………………………………………… *17*
3.3　システム変数 …………………………………………………………………… *19*
章　末　問　題 ……………………………………………………………………… *20*

4. 条件分岐とマウスカーソルの座標に応じた処理

4.1　条　　件　　文 ……………………………………………………………… *21*

4.1.1　条　件　式……………………………………………………… 21
　　　4.1.2　if 文，if～else 文，if～else if～else 文…………………… 22
　　　4.1.3　switch 文…………………………………………………… 24
　　　4.1.4　default の省略された switch 文…………………………… 25
　　　4.1.5　switch 文の if 文による書き換え…………………………… 26
　4.2　スタティックモードとアクティブモード………………………………… 27
　4.3　マウスカーソルの座標に応じた処理……………………………………… 30
　章　末　問　題………………………………………………………………… 32

5. マウス・キーボードによる操作

　5.1　マウスの動きに反応するプログラム……………………………………… 33
　　　5.1.1　変数 mousePressed…………………………………………… 33
　　　5.1.2　システム変数 mouseButton………………………………… 34
　　　5.1.3　関数 mousePressed()………………………………………… 35
　5.2　キーボード入力に反応するプログラム…………………………………… 37
　　　5.2.1　システム変数 keyPressed と key…………………………… 37
　　　5.2.2　関数 keyPressed()…………………………………………… 39
　　　5.2.3　押されたキーの判定………………………………………… 40
　章　末　問　題………………………………………………………………… 42

6. 関　　　数

　6.1　関　数　と　は……………………………………………………………… 43
　6.2　引数も戻り値もない関数…………………………………………………… 43
　6.3　引数のある関数……………………………………………………………… 46
　6.4　戻り値のある関数…………………………………………………………… 47
　章　末　問　題………………………………………………………………… 50

7. 配　　　列

　7.1　配　　　列…………………………………………………………………… 51
　7.2　多次元（2 次元）配列……………………………………………………… 57
　7.3　配列を利用したプログラムの例…………………………………………… 59

章末問題 ··· 63

8. つくってみよう：時計

8.1 時刻情報の取得 ··· 69
8.2 アナログ時計 ··· 70
   8.2.1 ウィンドウの作成と時計の外側の円の描画 ····················· 70
   8.2.2 目盛の描画 ··· 71
   8.2.3 秒針の描画 ··· 72
   8.2.4 分針の描画 ··· 73
   8.2.5 時針の描画 ··· 74
8.3 ディジタル時計 ··· 75
   8.3.1 六角形を描画する関数 drawHex() の作成 ····················· 75
   8.3.2 七つの六角形で数字を描画する関数 sevenSegment() の作成（1）····· 77
   8.3.3 七つの六角形で数字を描画する関数 sevenSegment() の作成（2）····· 78
   8.3.4 時刻の描画 ··· 79

9. つくってみよう：ストップウォッチ

9.1 実行開始からの経過時間の取得 ······································· 81
9.2 一時停止が可能なストップウォッチ ··································· 86
   9.2.1 ストップボタンでの一時停止 ································· 86
   9.2.2 リセットボタンの追加 ·· 88
9.3 ラップタイムの取得が可能なストップウォッチ ······················ 90

10. つくってみよう：サウンドビジュアライザ

10.1 音 ·· 94
   10.1.1 音とは ·· 94
   10.1.2 PCM ··· 95
10.2 minim ライブラリ ··· 96
10.3 音声信号の波形の表示（1）·· 96
10.4 音声信号の波形の表示（2）·· 101
10.5 音声信号の線の長さによる表現 ······································· 104

10.6 音声信号の色による表現……………………………………………… 106

11. つくってみよう：アクションゲーム

11.1 ゲームの作成手順……………………………………………………… 109
11.2 自キャラの基本動作の処理…………………………………………… 110
11.3 床に関する処理………………………………………………………… 117
11.4 敵キャラに関する処理………………………………………………… 127

12. つくってみよう：迷路

12.1 迷路の設定・表示……………………………………………………… 134
   12.1.1 盤の作成………………………………………………………… 134
   12.1.2 盤の初期化……………………………………………………… 135
   12.1.3 盤の表示………………………………………………………… 136
12.2 簡単な迷路の生成……………………………………………………… 138
12.3 キーボード入力でコマを操作するゲームの実現…………………… 140
   12.3.1 グローバル変数の宣言とゲームの初期化…………………… 140
   12.3.2 キーボード入力に対する処理………………………………… 141
   12.3.3 コマやプレイ情報の表示およびゲームの終了……………… 142
12.4 乱数を用いた迷路の自動生成………………………………………… 144
12.5 マウスでコマを操作するゲームの実現……………………………… 148
12.6 迷路の自動的な探索…………………………………………………… 152
12.7 迷路の3D化…………………………………………………………… 156
   12.7.1 迷路の3D表示………………………………………………… 156
   12.7.2 キーボードによる操作………………………………………… 161

付録　本書で使用している関数・システム変数一覧……………………… 164
索　　引……………………………………………………………………… 167

1 Processingを始めるための準備

Processingは，MIT Media Lab. のBen FryとCasey Reasが2001年から開発しているソフトウェアであり，スケッチブックに絵を描くように容易にプログラムをつくることのできる環境が提供されている。誰でも公式Webサイトから無料でダウンロードでき，WindowsやMac，Linuxなどの主要なOSの下で動かすことができる。現在では，ソフトウェア教育からビジュアルアートまで幅広く利用されている。ここでは，Processingプログラムの開発・実行環境をダウンロードし，使用できるようにする。

1.1 Processingのインストール

次の手順でProcessingをインストールする。ここでは，Windows 10での方法を中心に説明するが，他のOSでもほぼ同様に行うことができる。

1. WebブラウザでProcessingのDownloadページ（https://processing.org/download/?processing/）を開く。
2. 使用しているPCとそのOSに対応したものをダウンロードする。64 bit版のWindowsなら，"Windows 64bit" のリンクをクリックする。
3. ダウンロードした圧縮ファイルを展開する。Windowsの場合は，"ダウンロード" フォルダにあるprocessing-3.1.1-windows64.zipを右クリックして，"すべて展開" を選択する。なお，今後Processingのバージョンが変わる可能性がある。その場合は，これ以後，そのときのバージョンに合わせてバージョン番号の部分（3.1.1）を読み替える。
4. 展開済みのフォルダprocessing-3.1.1を適当な場所（例えば自分のPCの "ドキュメント" フォルダ）に移動する。
5. デスクトップにProcessingのショートカットを作成しておくと便利である。Windowsなら，移動したフォルダ "Processing-3.1.1" をダブルクリックして開き，中にあるファイル "Processing" を右クリックして，"送る" ⇒ "デスクトップ（ショートカットを作成）" を選ぶ。

1.2 動作確認

1. デスクトップ上のショートカット "Processing" をダブルクリックして起動する。起動中は，図 1.1 ような画面が現れる。起動できると，図 1.2 のようなウィンドウが開く。

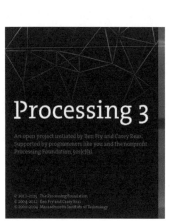
図 1.1 起動中

図 1.2 起動完了

2. プログラム編集用の領域に "rect(10, 10, 60, 60);" と入力して，簡単なプログラム（一辺が 60 の正方形を一つ描くプログラム）を書いてみる。Processing では，プログラムのことをスケッチと呼ぶ（図 1.3）。

   注意 1：必ず「半角」で英数字を書く。全角のカッコや空白が混じると動かない。
   注意 2：大文字と小文字は区別される。
   注意 3：行（文）の終わりには，セミコロン ';' をつける（コロン ':' ではない）。
   注意 4：プログラム中の文字の色は，プログラムで使用するキーワードなどその種類に対応して勝手につく。プログラムの文法上明らかにおかしい部分は赤い波下線で示される。
   注意 5：プログラムのエラーは，コンソールおよびメッセージエリアに表示される。

3. Run ボタン ▶ を押して実行する。メニューの "スケッチ" ⇒ "実行"，もしくはキーボードで Ctrl+R でも実行できる。

4. 図 1.4 のように新たに小さなウィンドウができ，その中に正方形が描かれていることを確認する。

5. プログラム編集ウィンドウで Stop ボタン ■ を押して終了する。Esc キー，もしくはウィンドウ右上の×ボタンでも終了できる。

図 1.3　スケッチ

図 1.4　実行結果

1.3　設定とメニューの使い方

コメント（プログラムの説明）などを書くときに日本語が使用できるように以下の設定をしておく。Processing のメニューから "ファイル" ⇒ "設定" を実行する（図 1.5）。以下のように設定し、"OK" ボタンを押す。

- "スケッチブックの場所" に、スケッチを置きたいフォルダを指定する。標準では、"ドキュメント" フォルダの下に、"Processing" というフォルダが作られ、そこに配置される。
- 言語は日本語になっている（はず）。
- "エディタとコンソールのフォント" で日本語を表示できるフォント（Windows なら "MS ゴシック"）を選択する。
- "フォントサイズ" は、見やすい適当なサイズに設定する。

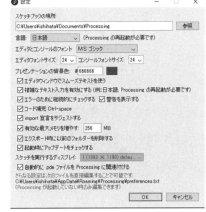
図 1.5　設定画面

- "複雑なテキスト入力を有効にする" にチェックする。
- "有効な最大メモリを増やす 256MB" にチェックする。
- "起動時にアップデートをチェックする" にチェックする。
- "自動的に.pde ファイルを Processing に関連付ける" にチェックする。

プログラム編集画面の上部には次のようなアイコンがあり、プログラムの実行と停止を行うことができる。

- ▶ ： 実行開始（Run）
- ■ ： 実行終了（Stop）
- ● ： デバッガ使用（Debug），本書では使用しない

1. Processingを始めるための準備

メニューの"ファイル"⇒"新規"で，新たにプログラムを作成できる。新たに作成したスケッチには，sketch_YYMMDDx（YYMMDDは年月日，xはa, b, c…）のように自動的に名前がつけられる。自分で名前をつけて保存したい場合には，"ファイル"⇒"保存"で保存場所を自分で指定して保存できる。すでに保存されたファイルを再度開くには，"ファイル"⇒"開く"でファイルを選択する。

ウィンドウの一番下には，コンソールタブ ▶ Console とエラータブ ⚠ Errors がある。コンソールタブを選択すると，プログラムの実行に伴うメッセージがコンソール領域に表示される。エラータブを選択すると，プログラムのエラーの情報がコンソール領域に表示される。

Processingの本体やスケッチはどこにおいてもよいが，図1.6にそのフォルダ構成例を示す。Processing-3.1.1は，"ドキュメント"の下に配置されており，そこにProcessingの実行ファイルや実行に必要なものが置かれている。ユーザの書いたスケッチは，"ドキュメント"の下に置かれた"Processing"フォルダの下に配置されている。

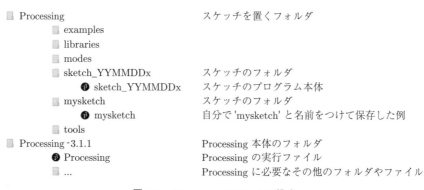

図 1.6　Processingのフォルダ構成

2 初めてのProcessing

　ここでは，矩形や円などの簡単な図形を描くProcessingのプログラムの作成を通して，プログラミングの基本を学ぶ．背景をカラーにしたり，図形を指定した色で塗りつぶす方法などを習得する．

2.1　画像データ

　画像はピクセル（画素）と呼ばれる点の集まりで表現され，各ピクセルは，明るさや色を示す値を持つ．各ピクセルの位置は座標で指定する．Processingにおける座標系は，図2.1に示すように，左上を原点とし，右方向がx軸，下方向がy軸となる．図では，30 × 20の大きさの画像（キャンバス）で (17, 2)，(7, 7)，(22, 16) のピクセルに色が付いている状態を示している．

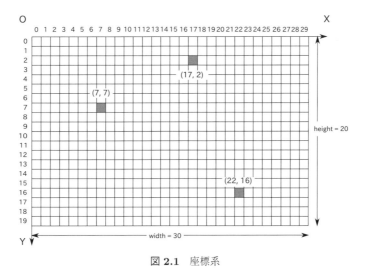

図 2.1　座標系

　各ピクセルは，明るさや色を示す値を持つ．グレースケール（白黒）画像の場合は，0〜255の範囲の値で明るさを表す．0に近いほど暗く（黒く），255に近いほど明るい（白い）色となる．カラー画像の場合は，赤（R），緑（G），青（B）の3原色のそれぞれについて0〜255の範囲の値で明るさを表す．表2.1に代表的な色とそれに対応するR，G，Bの値を示す．

表 2.1 色とその R, G, B の値

色	赤	緑	青	黄色	マゼンタ	シアン	オレンジ	赤紫	紫	空色
R	255	0	0	255	255	0	255	255	128	0
G	0	255	0	255	0	255	128	0	0	128
B	0	0	255	0	255	255	0	128	255	255

2.2 プログラミング

Processingでは，あらかじめ用意されている関数（まとまった処理の手続きを記述したもの）を呼び出すことにより簡単に図形を描くことができる．関数の呼び出しは，プログラム中に関数の名前とその関数が動作するのに必要な情報（引数と呼ばれるパラメータ）を書くことにより行う．

2.2.1 最初のプログラム

関数 size() を使用して，ウィンドウを作成し，矩形や円を描画するプログラムを書いてみよう．関数 size() では，引数（パラメータ）としてウィンドウの横方向の大きさと縦方向の大きさ（単位は画素数）を指定する．引数は，書かれている順番で何を表しているか判断される．関数 size() では，一つ目がウィンドウの横方向の大きさ，二つ目がウィンドウの縦方向の大きさを表す．

例題 2.1 のプログラムを入力し，実行して確認してみよう．なお，例題のプログラムの各行の "//" 以降の部分はコメントで他の人がプログラムの内容を理解しやすいようにその部分の説明などを書いておくものである．コメント部分は，コンピュータにはプログラムとして認識されない．例題を入力して，実行結果を確認する際には，コメント部分は入力しなくて（も）よい．

例題 2.1 800（横）× 600（縦）の大きさのウィンドウをつくってみよう．

```
                プログラム 2-1 (800×600 の大きさのウィンドウ)
  1   size(800, 600);          // 800×600のウィンドウを作成
```

例題 2.2 例題 2.1 のプログラムに，左上が（100, 100）の位置になるような 400（横）× 200（縦）の矩形を描画する部分を追加してみよう．

―――――― プログラム 2-2（400×200 の矩形の追加）――――――

```
1  size(800, 600);           // 800×600のウィンドウを作成
2  rect(100, 100, 400, 200); // (100, 100)に400×200の矩形を描画
```

関数 rect() は，図 2.2 のように左上の角の x 座標，y 座標，横の大きさ，縦の大きさを指定することで矩形を描く。

例題 2.3 例題 2.2 のプログラムに，中心が（400, 400）の位置になるような直径 300 の円を描画する部分を追加してみよう。

関数 ellipse() は，図 2.3 のように中心の x 座標，y 座標，横の大きさ，縦の大きさを指定することで円（楕円）を描く。図 2.4 を見てもわかるように，プログラム中の命令（関数）は先頭から順に実行され，実行順に図形は描かれる。後から描かれた図形が先に描かれた図形に重なっている場合には先に描かれた図形の上に描画される。

―――――― プログラム 2-3（直径 300 の円の追加）――――――

```
1  size(800, 600);              // 800×600のウィンドウを作成
2  rect(100, 100, 400, 200);    // (100, 100)に400×200の矩形を描画
3  ellipse(400, 400, 300, 300); // (400, 400)に直径300の円を描画
```

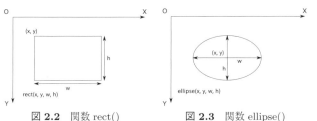
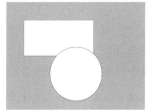

図 2.2　関数 rect()　　　　図 2.3　関数 ellipse()　　　　図 2.4　例題 2.3 の実行結果

2.2.2　図形の塗りつぶし

例題 2.2，2.3 のプログラムでは描いた図形に色はついていなかった。関数 fill() を使用すると色を指定して図形を塗りつぶすことができる。関数 fill() で塗りつぶしに使用する色を指定すると，次に別の色が関数 fill() で指定される，もしくは塗りつぶしをしないことを指定するまで，その色での塗りつぶしが行われる。塗りつぶしをしないことを指定するには，関数 noFill() を呼びだす。

例題 2.4 例題 2.3 のプログラムに関数 fill() と関数 noFill() を追加して，灰色（明るさ 128）の矩形と塗りつぶされていない円を描画してみよう．

―――――― プログラム 2-4（灰色の矩形と塗りつぶさない円）――――――

```
1   size(800, 600);              // 800×600のウィンドウを作成
2   fill(128);                   // 灰色(明るさ128)で塗りつぶすように設定
3   rect(100, 100, 400, 200);    // (100, 100)に400×200の矩形(灰色)を描画
4   noFill();                    // 塗りつぶしをしないように設定
5   ellipse(400, 400, 300, 300); // (400, 400)に直径300の円(塗りつぶしなし)を描画
```

関数 fill() を使って灰色（白，黒も含む）で塗りつぶす場合には，引数として 0〜255 の値で明るさを指定する．0 は黒色，255 は白色であり，その間の値は灰色で，0 に近いほど暗く，255 に近いほど明るい灰色となる（図 **2.5**）．

例題 2.5 例題 2.4 のプログラムを修正して，黄色い矩形と緑の円を描画してみよう．

―――――― プログラム 2-5（黄色い矩形と緑の円）――――――

```
1   size(800, 600);              // 800×600のウィンドウを作成
2   fill(255, 255, 0);           // (255, 255, 0)の色(黄色)で塗りつぶすように設定
3   rect(100, 100, 400, 200);    // (100, 100)に400×200の矩形(黄色)を描画
4   fill(0, 255, 0);             // (0, 255, 0)の色(緑)で塗りつぶすように設定
5   ellipse(400, 400, 300, 300); // (400, 400)に直径300の円(緑)を描画
```

関数 fill() の引数として赤，緑，青の 3 原色の明るさを指定することで，色を指定して図形を塗りつぶすことができる．赤，緑，青の明るさはいずれの要素も 0〜255 の値をとり，数値が大きいほど明るいことを意味する（図 **2.6**）．

図 **2.5** 例題 2.4 の実行結果　　図 **2.6** 例題 2.5 の実行結果

2.2.3 線の色の指定

図形の輪郭線の色は関数 stroke() を使用することで指定することができる。色の指定は，関数 fill() と同様の方法で行う。また，関数 noStroke() を使用することで線を描画しないようにすることもできる。

例題 2.6 例題 2.5 のプログラムを修正して，緑の線で縁取られた黄色の矩形と縁取りのない青の円を描画してみよう。

────── プログラム 2-6（緑の線で縁取られた黄色の矩形と縁取りのない青の円）──────

```
1  size(800, 600);            // 800×600のウィンドウを作成
2  stroke(0, 255, 0);         // 線の色を(0, 255, 0)(緑)に設定
3  fill(255, 255, 0);         // (255, 255, 0)の色(黄色)で塗りつぶすように設定
4  rect(100, 100, 400, 200);  // (100, 100)に400×200の矩形を描画
5  noStroke();                // 線を描画しないように設定
6  fill(0, 0, 255);           // (0, 0, 255)の色(青)で塗りつぶすように設定
7  ellipse(400, 400, 300, 300); // (400, 400)に直径300の円を描画
```

図 **2.7** に実行結果を示す。

図 **2.7** 例題 2.6 の実行結果

2.2.4 背　　景

関数 background() を使用することで，背景の色を設定することができる。背景の色の指定は，関数 fill() や関数 stroke() と同様の方法で行う。

例題 2.7 例題 2.6 のプログラムを修正して，背景を明るさ 160 の灰色にし，緑の線で縁取られた黄色の矩形と縁取りのない青の円を描画してみよう。ただし，矩形が上になるようにする。

────── プログラム 2-7（矩形が上側になるように描画）──────

```
1  size(800, 600);            // 800×600のウィンドウを作成
```

```
2   background(160);              // 背景を灰色(明るさ160)に設定
3   noStroke();                   // 線を描画しないように設定
4   fill(0, 0, 255);              // (0, 0, 255)の色(青)で塗りつぶすように設定
5   ellipse(400, 400, 300, 300);  // (400, 400)に直径300の円を描画
6   stroke(0, 255, 0);            // 線の色を(0, 255, 0)(緑)に設定
7   fill(255, 255, 0);            // (255, 255, 0)の色(黄色)で塗りつぶすように設定
8   rect(100, 100, 400, 200);     // (100, 100)に400×200の矩形を描画
```

図 2.8 に実行結果を示す。

図 2.8　例題 2.7 の実行結果

章　末　問　題

【1】 図 2.9 に示すような，色の異なる 100×500 の四つの矩形が重なり合っている図を 800 × 600 の大きさのウィンドウの中心に描画する。縦方向の 2 本と横方向の 2 本はそれぞれ 100 ピクセル間隔が開いて配置されるものとする。どのような順番で描く必要があるかよく考えること。このように描画するためには矩形を五つ描く必要がある（四つでは描けない）。

【2】 図 2.10 に示すような図を描画するプログラムを作成せよ。まずはじめに，800 × 600 の大きさのウィンドウの中心に直径 500 の円を描き，その円に内接する正方形，その正方形に内接する円，さらにその円に内接する正方形を色を変えて描く。円に内接する正方形の一辺の長さと左上の頂点の位置は自分で算出する必要がある。

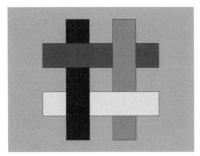

図 2.9　章末問題【 1 】の実行結果

図 2.10　章末問題【 2 】の実行結果

3 変数と繰り返し文

2章で作成したプログラムでは，座標や図形のサイズなどを指定する際に数値を直接記述していた。プログラムを作成する際には，変数を利用して値をメモリに記憶しておき，必要なときに利用できるようにしておくと便利なことが多い。また，似たような処理を繰り返すような場合，プログラム中に同じような行を多数書くのではなく，もっと簡潔に書く方法がある。ここでは，変数と繰り返しの書き方について学ぶ。

3.1 変　　　数

3.1.1 変 数 の 宣 言

変数を利用するためには，変数の名前（変数名）とその変数がどのような種類の値であるかを表す"型"を決め，宣言しておく必要がある。変数名は，変数が表す値が何であるかわかるような名前にする。変数名は基本的に自由につけることができるが，以下のようなルールがある。

1. 英数字や_（アンダースコア），$などで表される文字列を変数名として使うことができる。

2. 最初の文字には数字は使えない。例えば，num や data10 は変数名として使えるが，1test は変数名として使えない。

3. 大文字と小文字は区別される。例えば dataNum と datanum は別の変数として扱われる。なお，Processing（や Java）では変数名の先頭は小文字を使用するのが一般的であり，dataNum のように二つ（以上）の単語からなるような変数名をつける場合には二つ目（以降）の単語の先頭を大文字にする。

4. Processing の中で特別な意味を持っている文字列（int, float, draw, setup など予約語と呼ばれるもの）は使用できない。本書のプログラムでは，Java の予約語をイタリック，Processing の予約語をボールド，Processing のシステム変数（3.3節参照）をスラントで表記する。

Processing では，整数を扱う場合には int，浮動小数点数（実数）を扱う場合には float と呼ばれる型を利用する。

3. 変数と繰り返し文

変数を宣言する際には

  型名 変数名;   【例】 int x;

または

  型名 変数名 = (初期) 値; 【例】 int x = 200;

のように書く。

例題 3.1 変数を使って (200, 150) を中心とする直径 120 の円を描画するプログラムを書いてみよう。

```
―――――――――― プログラム 3-1（変数を使用）――――――――――

1   size(800, 600);     // 800×600のウィンドウを作成
2   int x = 200;        // 変数 x を宣言し，200で初期化
3   int y = 150;        // 変数 y を宣言し，150で初期化
4   int d;              // 変数 d を宣言
5   d = 120;            // 変数 d に120を代入
6   ellipse(x, y, d, d); // (x, y)を中心とする直径dの円を描画
```

このプログラムでは，int 型の変数 x, y, d を宣言し，それぞれに 200, 150, 120 の値を代入することで初期化し，(x, y) を中心とする直径 d の円を描画している。変数 x と y は宣言と同時に初期化を行っているが，変数 d は 4 行目で宣言のみを行い，5 行目で 120 を代入している（**図 3.1**）。

図 3.1 例題 3.1 の実行結果

3.1.2 変数を使用した演算

変数を利用して式を書くことで演算を行うことができる。

```
a = 100 * 3; // 100 * 3 を計算した結果を変数 a に代入
b = a * 4;   // 変数 a の値 * 4 を計算した結果を変数 b に代入
c = b + a;   // 変数 b の値 + 変数 a の値を計算した結果を変数 c に代入
```

のように，右辺の計算を行った結果が左辺の変数に代入される。

表 3.1 に使用できる主な演算子を示す。

3.1 変数

表 3.1 利用できる演算子

演算子	機能	説明・使用例
+, -, /, *	加減乗除	加減算よりも乗除算の方が優先度が高い
		x + y * z の場合，x+y よりも y*z が先に計算される（数学と同じ）
%	剰余	x % y で x を y で割った余りが計算される
(,)	カッコ	カッコの中を優先して計算する
		x * (y + z) の場合，(y+z) が先に計算される
=	代入	右辺の値を左辺に代入する
		x = x + 3 で x+3 を計算した結果が x に代入される
+=, -=, *=, /=	代入演算子	演算と代入の省略形
		a += 10 は a = a + 10 と同じ
++, --	インクリメント	1 増やす，1 減らす
	デクリメント	a++ は a = a + 1 と同じ，a-- は a = a - 1 と同じ
<, >, <=, >=	関係演算子	大小比較を行う（4 章で詳しく説明）

例題 3.2 例題 3.1 のプログラムに 2 個の円を描画する部分を追加してみよう。追加する一つ目の円の中心は元の円の中心座標 (x, y) から 100 ピクセル右にずらした位置，二つ目の円の中心は元の円の中心座標 (x, y) から 200 ピクセル右にずらした位置とする。

――― プログラム 3-2（2 個の円を追加）―――

```
1   size(800, 600);        // 800×600のウィンドウを作成
2   int x = 200;           // 変数 x を宣言し，200で初期化
3   int y = 150;           // 変数 y を宣言し，150で初期化
4   int d = 120;           // 変数 d を宣言し，120で初期化
5   ellipse(x, y, d, d);           // (x, y)を中心とする直径dの円を描画
6   ellipse(x+100, y, d, d);       // (x+100, y)を中心とする直径dの円を描画
7   ellipse(x+200, y, d, d);       // (x+200, y)を中心とする直径dの円を描画
```

図 3.2 に実行結果を示す。

例題 3.3 例題 3.2 のプログラムにさらに 2 個の円を描画する部分を追加してみよう。追加する円の中心座標は，前に描いた円の中心座標から 100 ピクセル右にずらした位置とする。

――― プログラム 3-3（さらに 2 個の円を追加）―――

```
1   size(800, 600);        // 800×600のウィンドウを作成
2   int x = 200;           // 変数 x を宣言し，200で初期化
3   int y = 150;           // 変数 y を宣言し，150で初期化
4   int d = 120;           // 変数 d を宣言し，120で初期化
5   ellipse(x, y, d, d);           // (x, y)を中心とする直径dの円を描画
6   ellipse(x+100, y, d, d);       // (x+100, y)を中心とする直径dの円を描画
```

```
7  ellipse(x+200, y, d, d); // (x+200, y)を中心とする直径dの円を描画
8  ellipse(x+300, y, d, d); // (x+300, y)を中心とする直径dの円を描画
9  ellipse(x+400, y, d, d); // (x+400, y)を中心とする直径dの円を描画
```

図 3.3 に実行結果を示す。

 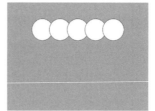

図 3.2　例題 3.2 の実行結果　　図 3.3　例題 3.3 の実行結果

3.2　処理を繰り返す

3.2.1　繰り返し文（for 文）

プログラムの中では，何度も同じような処理を繰り返すようなことがある。例題 3.3 では，円を五つ描画するために，関数 ellipse() を引数を変えて 5 回呼び出している。このような場合には，for 文と呼ばれる構造を用いると簡潔に書くことができる。

for 文は

```
for(初期化; 継続条件; 更新処理){
    文;
    ...
}
```

のように記述する。

図 3.4 に for 文の処理の流れを示す。for 文では，for に続く ( ) 内の最初の部分で「初期化」された変数に対して for に続く ( ) 内の二つ目の部分の「継続条件」を満たす限り { } で囲まれたブロック内の処理を繰り返し行う。ブロック内の処理が終了するごとに，for に続く ( ) 内の三つ目の部分で記述された「更新処理」を行う。ブロック内には，複数の文を記述することもできる。繰り返したい文が一つだけの場合には { } を省略することもできるが，{ } を書いておいた方がブロックの範囲が見てすぐにわかり，後からブロック内に文を追加する際などに { } をつけ忘れるなどのミスもおきにくくなるため，{ } は省略しない方がよい。

図 3.4　for 文の構造

3.2 処理を繰り返す

ソースコードの書き方（インデント）

for 文のブロック（{ } で囲まれた部分）内は 2 文字分「字下げ」（インデント）する。インデントすることにより，for 文の範囲などがわかりやすくなる。

1. Processing では「{」の後で改行すると，次の行以降が自動的にインデントされる。
2. 文字や行を選択した状態で Tab キーを押すと 1 レベル（2 文字分）インデントが行われる。
    - 複数行を選択すると一度にインデントすることができる。
    - Shift+Tab でインデントを 1 レベル（2 文字分）戻すことができる。
    - Ctrl+T で，プログラム全体に対して自動的にインデントが整えることができる。

プログラムを書く際には，常にインデントする「くせ」をつける。他人にソースを見てもらうときには，インデントされた状態で見せることが望ましい。

例題 3.4 例題 3.3 と同様のプログラムを for 文を使って書き換えてみよう。円の x 方向の位置を for 文の変数にして，5 個目の位置まで繰り返せばよい。

───── プログラム 3-4（例題 3.3 のプログラムの for 文による書き換え）─────

```
1  size(800, 600);       // 800×600のウィンドウを作成
2  int x;                // 変数 x を宣言
3  int y = 150;          // 変数 y を宣言し，150で初期化
4  int d = 120;          // 変数 d を宣言し，120で初期化
5  // xを200から600になるまで100ずつ増やしていく
6  for(x = 200; x <= 600; x += 100){
7    ellipse(x, y, d, d);  // (x, y)を中心とする直径dの円を描画
8  }
```

このプログラムでは，円の中心の x 座標の値（x）を 200 で初期化し，x が 600 以下（x <= 600）のとき，x を 100 ずつ増やし（x += 100）ながら関数 ellipse() を使用して円を描画している。円の中心の x 座標を最初の円の値から五つ目の円の値になるまで for 文で繰り返すことで五つの円を描いている。

例題 3.5 例題 3.4 と同様のプログラムを for 文を使った別の書き方で書き換えてみよう。繰り返しの回数を決めておき，その分だけ繰り返すようにしてみる。

───── プログラム 3-5（例題 3.4 のプログラムの for 文による別の書き換え）─────

```
1  size(800, 600);       // 800×600のウィンドウを作成
2  int x;                // 変数 x を宣言
3  int y = 150;          // 変数 y を宣言し，150で初期化
```

```
4   int d = 120;              // 変数 d を宣言し，120で初期化
5   for(int i = 0; i < 5; i++){ // 5回繰り返す
6     x = 200 + i * 100;      // xを200から i*100 だけずらした位置に設定
7     ellipse(x, y, d, d);    // (x, y)を中心とする直径dの円を描画
8   }
```

このプログラムでは，繰り返しの回数（円を描画する回数）を決めておき，その分だけfor文で繰り返すことで五つの円を描いている。繰り返しの回数（円を描画する回数）を表すint型の変数iを宣言し，0で初期化し（int i = 0），iを1ずつ増やし（i++）ながら，iが5未満（i < 5）の間，繰り返している。つまり，iが0，1，2，3，4の5回繰り返されることになる。なお，プログラムでは，繰り返しの回数を数えるような場合，1からではなく，0から数えるのが一般的である。for文のブロック（{ }で囲まれた部分）の中で，円の中心のx座標の値（x）を繰り返し回数（i）に基づいて計算し，関数ellipse()を使用して円を描画している。

例題 3.6　例題3.5のプログラムを修正して，円の直径を20ずつ大きくなるようにしてみよう。

────────── プログラム 3-6（円の大きさを変化）──────────

```
1   size(800, 600);           // 800×600のウィンドウを作成
2   int x;                    // 変数 x を宣言
3   int y = 150;              // 変数 y を宣言し，150で初期化
4   int d;                    // 変数 d を宣言
5   for(int i = 0; i < 5; i++){ // 5回繰り返す
6     x = 200 + i * 100;      // xを200から i*100 だけずらした位置に設定
7     d = 100 + i * 20;       // 円の直径を計算（20ずつ大きくする）
8     ellipse(x, y, d, d);    // (x, y)を中心とする直径dの円を描画
9   }
```

図 **3.5** に実行結果を示す。

例題 3.7　例題3.6のプログラムをさらに修正して，円の塗りつぶしの色を暗い灰色から明るい灰色に徐々に変わる（最初の円の明るさを50とし，50ずつ値を増やしていく）ようにしてみよう。

────────── プログラム 3-7（塗りつぶしの色も変化）──────────

```
1   size(800, 600);           // 800×600のウィンドウを作成
2   int x;                    // 変数 x を宣言
3   int y = 150;              // 変数 y を宣言し，150で初期化
```

```
4    int d;                    // 変数 d を宣言
5    for(int i = 0; i < 5; i++){  // 5回繰り返す
6      x = 200 + i * 100;      // xを200から i*100 だけずらした位置に設定
7      d = 100 + i * 20;       // 円の直径を計算（20ずつ大きくする）
8      fill(50 + i * 50);      // 円の塗りつぶしの色を設定（50ずつ大きくする）
9      ellipse(x, y, d, d);    // (x, y)を中心とする直径dの円を描画
10   }
```

図 **3.6** に実行結果を示す。

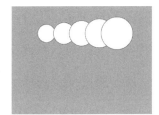
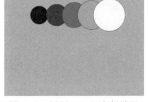

図 **3.5** 例題 3.6 の実行結果　　図 **3.6** 例題 3.7 の実行結果

3.2.2 for 文のネスト（入れ子）

for 文のブロックの中に for 文を入れ子にして書くこともできる。

例題 3.8　for 文のネスト（二重の for 文）を利用して，直径 120 の 15（=5×3）個の円を描画するプログラムを書いてみよう。

──────── プログラム 3-8（for 文のネストを利用）────────
```
1    size(800, 600);           // 800×600のウィンドウを作成
2    int x;                    // 変数 x を宣言
3    int y;                    // 変数 y を宣言
4    int d = 120;              // 変数 d を宣言し，120で初期化
5    for(int i = 0; i < 5; i++){  // 5回繰り返す
6      for(int j = 0; j < 3; j++){  // 3回繰り返す
7        x = 200 + i * 100;    // xを200から i*100 だけずらした位置に設定
8        y = 150 + j * 100;    // yを150から j*100 だけずらした位置に設定
9        ellipse(x, y, d, d);  // (x, y)を中心とする直径dの円を描画
10     }
11   }
```

　このプログラムでは，(200, 150) を中心とする左上の円を基準とし，y 方向に 100 ずつずらしながら 3 個分，x 方向に 100 ずつずらしながら 5 個分，計 15 個の直径 120 の円を描画する（図 **3.7**）。外側（5 行目）の for 文で i を 0 から 4 まで変えながら 6 行目から 11 行目ま

18   3. 変数と繰り返し文

でのブロックが5回繰り返される．ブロック内にも for 文があり，内側（6行目）の for 文ではjを0から2まで変えながら7行目から10行目までのブロックが3回繰り返される．

したがって，i, j, x, y の値は次のように変化することになる．

```
i  0   0   0   1   1   1   2   2   2   3   3   3   4   4   4
j  0   1   2   0   1   2   0   1   2   0   1   2   0   1   2
x  200 200 200 300 300 300 400 400 400 500 500 500 600 600 600
y  150 250 350 150 250 350 150 250 350 150 250 350 150 250 350
```

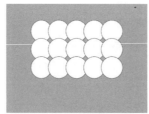
図 3.7 例題 3.8 の実行結果

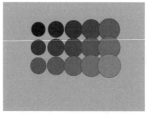
図 3.8 例題 3.9 の実行結果

例題 3.9 例題 3.8 のプログラムを修正して，円の大きさや色も変化させてみよう．大きさは，左上の円の直径を 80 とし，右にいくと直径が 10 ずつ，下にいくと直径が 5 ずつ大きくなるようにする．色は，左上の円を (50, 50, 100) とし，右にいくと赤 (r) の値が 50 ずつ，下にいくと緑 (g) の値が 50 ずつ大きくなるようにする．

─────── プログラム 3-9 （円の大きさや色も変化） ───────

```
1   size(800, 600);           // 800×600のウィンドウを作成
2   int x;                    // 変数 x を宣言
3   int y;                    // 変数 y を宣言
4   int d;                    // 変数 d を宣言
5   for(int i = 0; i < 5; i++){  // 5回繰り返す
6     for(int j = 0; j < 3; j++){ // 3回繰り返す
7       x = 200 + i * 100;    // xを200から i*100 だけずらした位置に設定
8       y = 150 + j * 100;    // yを150から j*100 だけずらした位置に設定
9       d = 80 + i * 10 + j * 5;  // 円の直径を計算（右下にいくほど大きくなる）
10      fill(50+i*50, 50+j*50, 100); // 円の塗りつぶしの色を設定
11                            // （右にいくほど赤が，下にいくほど緑が強くなる）
12      ellipse(x, y, d, d); // (x, y)を中心とする直径dの円を描画
13    }
14  }
```

図 3.8 に実行結果を示す．このプログラムでは，i, j の変化に伴い，x, y はプログラム 3-8 と同じように変化する．また，d と関数 fill() で指定する r, g, b の値は次のように変化することになる．

i	0	0	0	1	1	1	2	2	2	3	3	3	4	4	4
j	0	1	2	0	1	2	0	1	2	0	1	2	0	1	2
d	80	85	90	90	95	100	100	105	110	110	115	120	120	125	130
r	50	50	50	100	100	100	150	150	150	200	200	200	250	250	250
g	50	100	150	50	100	150	50	100	150	50	100	150	50	100	150
b	100	100	100	100	100	100	100	100	100	100	100	100	100	100	100

3.3 システム変数

システム変数は，Processing システムが持つ変数でプログラムから利用することができる。提供されている変数には種々のものがあるが，ここでは描画するウィンドウの横の大きさと縦の大きさを表す width, height を紹介する。

例題 3.10 システム変数 width, height を利用して，ウィンドウに 2 本の対角線とウィンドウの中央の座標を中心とする直径 200 の円を描くプログラムを書いてみよう。プログラム 3-10 では，ウィンドウのサイズを 800×600 としているが，サイズを 600×300，450×300 に変更した場合も実行し，どうなるか確認してみよう。

―――――― プログラム 3-10（ウィンドウの対角線と円）――――――

```
1   size(800, 600);  // 800×600のウィンドウを作成
2                    // 600×300, 450×300に変更した場合も確認
3   line(0, 0, width, height);  // ウィンドウの左上(0,0)からウィンドウの
4                                // 右下(width, height)を結ぶ直線を描画
5   line(width, 0, 0, height);  // ウィンドウの右上(width, 0)からウィンドウの
6                                // 左下(0, height)を結ぶ直線を描画
7   ellipse(width/2, height/2, 200, 200);  // ウィンドウの中央(width/2, height/2)を
8                                           // 中心とする直径200の円を描画
```

このプログラムでは，関数 line() を使用して，直線を描画している。関数 line() は，line(x1, y1, x2, y2) のように記述することで (x1, y1) と (x2, y2) の 2 点を結ぶ直線を描くことができる。システム変数 width, height を利用することで，ウィンドウのサイズが変更されてもプログラムの他の部分を書き直すことなく，対角線と円が描画できるようになっている（図 **3.9**）。

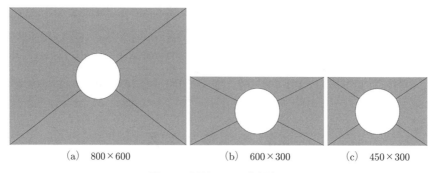

(a) 800×600　　(b) 600×300　　(c) 450×300

図 **3.9**　例題 3.10 の実行結果

章　末　問　題

【1】for 文を使用して，図 **3.10** に示すように，直径 50 の円を横方向に 11 個，縦方向に 11 個並べて，十文字型に配置して描くプログラムを作成せよ。縦横ともに 6 個目の円の中心がウィンドウの中央になるようにする。また，ウィンドウのサイズは 800×600 とする。

【2】二重の for 文を使用して，図 **3.11** に示すように，直径 50 の円を横方向に 11 個，縦方向に 11 個並べて描くプログラムを作成せよ。縦横ともに 6 個目の円の中心がウィンドウの中央になるようにする。また，ウィンドウのサイズは 800×600 とする。

　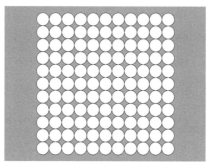

図 **3.10**　章末問題【1】の実行結果　　図 **3.11**　章末問題【2】の実行結果

カラー図面と例題 7.8 の画像データのファイルのダウンロードについて

以下の Web ページからダウンロード可能である。
　http://www.coronasha.co.jp/np/isbn/9784339028720/
　（本書の書籍ページ。コロナ社の top ページから書名検索でもアクセスできる）
ダウンロードに必要なパスワードは「028720」。

4 条件分岐とマウスカーソルの座標に応じた処理

　これまでの章では画面に図形を描画するようなプログラムを作成したが，Processing では，単に図形を画面に表示するだけでなく，表示内容が時間によって変化したり，マウスやキーボードによる入力で動作が変化したりするようなプログラムを作成することもできる．

　本章では，こういった処理に欠かせない条件文についての技法や，ユーザとのインタラクティブな処理の第一歩としてマウスカーソルの座標に応じた処理について学ぶ．

4.1 条　件　文

　ある変数の値を増加させていき，ある値以上に達したならそれ以降増加させるのをやめる，などといったように，特定の条件が満たされている場合のみ，決められた処理を実行するようにできる必要がある．そのようなプログラムは if 文や switch 文などの条件文を用いることで実現することができる．

4.1.1 条　件　式

　条件文を用いて条件に応じた処理を行うためには，条件を式で表し，その条件が満たされているかどうかを判断する必要がある．条件を表す式（条件式）は評価され，条件が満たされた場合には真（true），満たされない場合には偽（false）という boolean 型の値を持つことになる．

　条件式を記述する際には，関係演算子が使用される（**表 4.1**）．

表 4.1　関係演算子

演算子	意　味	例
==	左辺と右辺が等しい	x == 1　（x が 1 と等しい）
!=	左辺と右辺が等しくない	x != 1　（x が 1 と等しくない）
<	左辺が右辺よりも小さい	x < 1　（x が 1 より小さい（1 未満））
<=	左辺が右辺よりも小さいか等しい（右辺以下）	x <= 1　（x が 1 以下）
>	左辺が右辺よりも大きい	x > 1　（x が 1 より大きい）
>=	左辺が右辺よりも大きいか等しい（右辺以上）	x >= 1　（x が 1 以上）

　また，複数の条件を同時に満たした場合や，複数の条件のうちいずれか一つでも満たされている場合に特定の処理を行いたいような場合もある．そのような条件は，論理演算子を使うことで記述することができる（**表 4.2**）．

表 4.2　論理演算子

演算子	意 味	説　明	例
&&	論理積 (and)	左辺と右辺がともに true なら true	1 <= x && x <= 5 (x が 1 以上かつ 5 以下ならば true)
||	論理和 (or)	右辺か左辺のいずれかが ture なら true	x == 1 || x == 2 (x が 1 または 2 であれば true)
!	否定 (not)	右辺が false なら true	!(x == y) (x と y が等しくなければ ture)

また，論理演算子を組み合わせて，

```
x == 0 || (10 <= x && x <= 15)
```

のような複雑な条件を記述することもできる．この条件は，x が 0 であるか，10 以上 15 以下のときに true になる．

4.1.2　if 文，if∼else 文，if∼else if∼else 文

（**1**）**if　　文**　　ある条件が満たされているときにのみ，特定の処理を行いたい場合には if 文を用いる．

if 文は

```
if(条件){            【例】
  文；                 if(x == 1){  // x の値が 1 ならば
  ...                    x = 0;    // x を 0 にする
}                    }
```

のように記述する．

if 文では，if に続く ( ) 内の条件を表す式が true であるかを判断し，true であるとき（条件が満たされているとき）にのみ，{ } で囲まれたブロック内の処理を行う．

（**2**）**if∼else 文**　　条件が真のときにある処理を行いたいだけでなく，false のとき（条件が満たされていないとき）に別の処理を行いたいような場合には，if∼else 文を用いる．

if∼else 文は

```
if(条件){            【例】
  文 1；                if(x == 1){    // x の値が 1 ならば
  ...                    x = 0;       // x を 0 にする
}else{               }else{           // それ以外 (x の値が 1 でない) ならば
  文 2；                x = x + 1;   // x を 1 増やす
  ...                }
}
```

のように記述する．

if∼else 文では，if に続く ( ) 内の条件を表す式が true であるかを判断し，true であるときはそれに続く { } で囲まれたブロック内の処理を行う．false であるときには，else の後ろの { } で囲まれたブロック内の処理を行う．

（3） if～else if～else 文　　条件 1 が満たされている場合には処理 1，条件 1 は満たされず条件 2 が満たされている場合には処理 2，それ以外の場合には処理 3 を行いたいというようにさらに条件を細かく分けたい場合には，if～else if～else 文を用いる。

if～else if～else 文は

```
if(条件 1){              【例】
  文 1;                  if(x == 1){       // x の値が 1 ならば
  ...                      x = 0;          // x を 0 にする
}else if(条件 2){        }else if(x ==2){  // x の値が 1 ではなく，2 ならば
  文 2;                    x = -1;         // x を-1 にする
  ...                    }else{            // それ以外 (x が 1 でも 2 でもないならば
}else{                     x = x + 1;      // x を 1 増やす
  文 3;                  }
  ...
}
```

のように記述する。

　if～else if～else 文では，最初に if に続く ( ) 内の条件 (条件 1) を表す式が true であるかを判断し，true であるときはそれに続く { } で囲まれたブロック内の処理を行う。false であるときには，次の else if に続く ( ) 内の条件 (条件 2) を表す式が true であるかを判断し，true であるときはそれに続く { } で囲まれたブロック内の処理を行う。いずれの条件も満たされなかった場合には，else の後ろの { } で囲まれたブロック内の処理を行う。また，else{...}の部分は，どの条件にもあてはまらないときに行いたい処理がないようであれば省略することができる。

　図 4.1 に if 文，if～else 文，if～else if～else 文の処理の流れを示す。

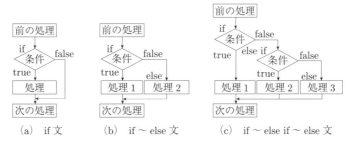

(a)　if 文　　　　　(b)　if ～ else 文　　　(c)　if ～ else if ～ else 文

図 4.1　if 文，if～else 文，if～else if～else 文の処理の流れ

例題 4.1　直径 30 の円を横方向に 15 個並べて描画するプログラムを書いてみよう。左端の円の中心座標を（50, height/2）とし，隣の円とは中心が 50 離れるようにする。なお，左から七つの円は赤，八つ目の円は緑，それ以外の円は青とする。

24   4. 条件分岐とマウスカーソルの座標に応じた処理

―――――――――― プログラム 4-1（if 文を使用）――――――――――

```
1   size(800, 600);             // 800×600のウィンドウを作成
2   int x;                      // 変数 x を宣言
3   int y = height/2;           // 変数 y を宣言し，height/2で初期化
4   int d = 30;                 // 変数 d を宣言し，30で初期化
5   for(int i = 0; i < 15; i++){ // 15回繰り返す
6     x = 50 + i * 50;          // xを50から i*50 だけずらした位置に設定
7     if(i < 7){                // iが7未満ならば
8       fill(255, 0, 0);        // 塗りつぶし色を赤に設定
9     }else if(i == 7){         // iが7ならば
10      fill(0, 255, 0);        // 塗りつぶし色を緑に設定
11    }else{                    // それ以外ならば
12      fill(0, 0, 255);        // 塗りつぶし色を青に設定
13    }
14    ellipse(x, y, d, d);      // (x, y)を中心とする直径dの円を描画
15  }
```

図 4.2 に実行結果を示す。

図 4.2 例題 4.1 の実行結果

4.1.3 switch 文

if 文の他にも，条件に応じて処理を分けるための文として switch 文がある。switch 文は，ある変数（または式）が値1をとるときには処理1を，値2のときには処理2を，といったように変数の値に応じて異なる処理をさせたい場合に用いる。switch 文による分岐の際に吟味できるのは変数が特定の値であるかどうかだけであり，〜以上〜以下である，といったように変数がある範囲にあるか否かで処理を分けたい場合などは switch 文ではなく if 文を用いる。

switch 文は

```
switch (変数名){              【例】
  case 値1:                    switch(x){        // xの値について調べる
    処理1;                       case 1:         // xの値が1か？
    break;                        x = 0;        // そうであればxを0にする
  case 値2:                       break;        // switch文を抜ける
    処理2;                      case 2:         // xの値が2か？
    break;                        x = -1;       // そうであればxを-1にする
  case 値3:                       break;        // switch文を抜ける
```

```
            処理3;                default:    // xが1でも2でもない場合
            break;                   x++;     // xの値を1増やす
        ...                          break;   // switch文を抜ける
    default:                    }
        処理n;
        break;
}
```

のように記述する。

　switch 文では，switch に続く ( ) 内の変数（または式）の中身が，case ～ に列挙されるいずれかの値に合致するとき，その次に記述される処理を実行し，その後 break 文により switch 文から抜ける。いずれの case ～ にも合致しない場合には，default の後ろに記述される処理を実行し，break 文により switch 文から抜ける（図 **4.3**）。

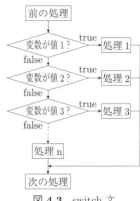

図 **4.3**　switch 文

4.1.4　default の省略された switch 文

　4.1.3 項で述べた switch 文では case ～ に列挙されるいずれの値にも変数（または式）の値が合致しない場合には default の後ろに書かれた処理が実行されるが，いずれにも合致しないときに特に行わせたい処理がない場合には，default 以下の記述を省略することもできる。

　default の省略された switch 文は

```
switch (変数名){             【例】
    case 値1:                switch(x){       // xの値について調べる
        処理1;                   case 1:      // xの値が1か？
        break;                       x = 0;   // そうであればxを0にする
    case 値2:                        break;   // switch文を抜ける
        処理2;                   case 2:      // xの値が2か？
        break;                       x = -1;  // そうであればxを-1にする
    case 値3:                        break;   // switch文を抜ける
        処理3;                }
        break;
    ...
}
```

のように記述する。

　default の省略された形の switch 文では，switch に続く ( ) 内の変数（または式）が case の後ろに記述される値そのものである場合に，その次に記述される処理を実行する。その後，break 文により switch 文から抜ける。case に記述されるいずれの値にも合致しない場合には何の処理も行われずに switch 文を抜ける（図 **4.4**）。

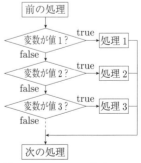

図 **4.4**　default の省略された switch 文

例題 4.2 例題 4.1 でのプログラムの円の塗りつぶし色の指定を switch 文を用いる形に変更し，左端から右に向かって赤色，緑色，青色の順で繰り返し描画していくようにしてみよう．

───── プログラム 4-2（switch 文を使用） ─────

```
1   size(800, 600);           // 800×600のウィンドウを作成
2   int x;                    // 変数 xを宣言
3   int y = height/2;         // 変数 y を宣言し，height/2で初期化
4   int d = 30;               // 変数 d を宣言し，30で初期化
5   int m ;                   // 変数 m を宣言（描画色指定用）
6   for(int i = 0; i < 15; i++){  // 15回繰り返す
7     x = 50 + i * 50;        // xを50から i*50 だけずらした位置に設定
8     m = i % 3;              // iを3で割った余りをmに代入
9     switch(m){              // mについて吟味
10      case 0:               // mの値が0か？
11        fill(255, 0, 0);    // 塗りつぶし色を赤に設定
12        break;              // switch文を抜ける
13      case 1:               // mの値が1か？
14        fill(0, 255, 0);    // 塗りつぶし色を緑に設定
15        break;              // switch文を抜ける
16      default:              // mの値が上記以外？(0でも1でもない，すなわち2？)
17        fill(0, 0, 255);    // 塗りつぶし色を青に設定
18        break;              // switch文を抜ける
19    }
20    ellipse(x, y, d, d);    // (x, y)を中心とする直径dの円を描画
21  }
```

図 4.5 に実行結果を示す．

図 4.5　例題 4.2 の実行結果

4.1.5　switch 文の if 文による書き換え

switch 文で書かれた処理は if 文で書き換えることも可能である．

例題 4.3　例題 4.2 のプログラムを if 文を使って書き換えてみよう．

プログラム 4-3（例題 4.2 のプログラムの if 文による書き換え）

```
1   size(800, 600);          // 800×600のウィンドウを作成
2   int x;                   // 変数 x を宣言
3   int y = height/2;        // 変数 y を宣言し，height/2で初期化
4   int d = 30;              // 変数 d を宣言し，30で初期化
5   int m ;                  // 変数 m を宣言（描画色指定用）
6   for(int i = 0; i < 15; i++){ // 15回繰り返す
7     x = 50 + i * 50;       // xを50から i*50 だけずらした位置に設定
8     m = i % 3;             // iを3で割った余りをmに代入
9     if(m == 0){            // mの値が0か？
10      fill(255 ,0, 0);     // 塗りつぶし色を赤に設定
11    }else if(m == 1){      // mの値が1か？
12      fill(0, 255, 0);     // 塗りつぶし色を緑に設定
13    }else{                 // mの値が上記以外？（0でも1でもない，すなわち2？）
14      fill(0, 0, 255);     // 塗りつぶし色を青に設定
15    }
16    ellipse(x, y, d, d);   // (x, y)を中心とする直径dの円を描画
17  }
```

このように switch 文は通常 if 文で代替可能であるが，逆に if 文で書かれたものを swtich 文で書き換えられるとは限らない．if 文のほうが自由度が高いとも言えるが，switch 文で書けるものは if 文ではなく switch 文で書いたほうが可読性が高い場合が多い．

4.2 スタティックモードとアクティブモード

図形などを単に表示するなど動きのないプログラムを作成する場合には，スタティックモード（Static Mode）と呼ばれるモードを利用する．ここまでで作成したプログラムはすべてこのモードが用いられている．

例えば，灰色の矩形を描画するプログラムは

```
1   size(800, 600);           // 800×600のウィンドウを作成
2   fill(128);                // 灰色（明るさ128）で塗りつぶすように設定
3   rect(100, 100, 400, 200); // (100, 100)に400×200の矩形(灰色)を描画
```

のように記述することができるが，これはスタティックモードのプログラムである．

それに対し，表示内容が時間によって変化したり，マウスやキーボードによる入力によって動作が変化するような動きのあるプログラムを作成する場合には，アクティブモード（Active Mode）と呼ばれるモードを利用する．

例題 4.4 アクティブモードを使って直径100の青い円が左から右に移動するプログラムを書いてみよう．

---

28   4. 条件分岐とマウスカーソルの座標に応じた処理

プログラム 4-4（アクティブモードを使った円の移動 (1)）

```
1   // グローバル変数
2   int x = 0;   // 円の中心のx座標
3   int dx = 5;  // x座標の変化分
4
5   // setup()関数（最初に一度だけ実行したい処理を記述）
6   void setup(){
7     size(800, 600);  // 800×600のウィンドウを作成
8   }
9
10  // draw()関数（繰り返し実行させたい処理を記述）
11  void draw(){
12    background(192);              // 背景を灰色に設定
13    fill(0, 0, 255);              // 塗りつぶし色を青に設定
14    ellipse(x, height/2, 100, 100); // (x, height/2)を中心とする直径100の円を描画
15    x += dx;                      // x座標をdxだけ増やす
16  }
```

図 4.6 に実行結果を示す。アクティブモードでは，このプログラムのように setup() と draw() という二つの関数が必ず必要となる。setup() や draw() の前の void はこれらの関数に戻り値がないことを表しているが，ここでは戻り値が何であるかも含め，詳しい説明は省略する（とりあえず，このように記述するものであると覚えておく）。なお，戻り値に関しては 6 章で学ぶ。

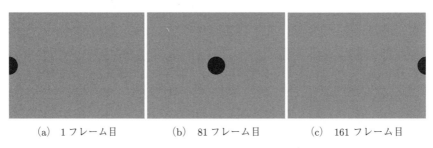

(a) 1 フレーム目   (b) 81 フレーム目   (c) 161 フレーム目

図 4.6 例題 4.4 の実行結果

setup() は，プログラムが実行されたときに最初に一度だけ呼び出され，中に書かれている処理が行われる。ウィンドウのサイズを設定するなどの初期化の処理をここで行うことが多い。このプログラムでは，setup() の中でウィンドウのサイズの設定（7 行目）を行っている。

draw() は，setup() の処理の終了後，繰り返し呼び出され，中に書かれている処理が行われる。Processing では draw() 内の命令を上から順に下まで 1 回だけ実行することを 1 フレームと呼ぶ。このプログラムでは，draw() の先頭で関数 background() を呼び出し（12 行目），前のフレームで描画された内容に上書きし，関数 fill()（13 行目）で設定した色（青）の円を

位置を左端から右に向かって dx ずつ変化させながら（15 行目），描画している。円を描画する際には，円の中心座標が（x, height/2）になるようにしている（14 行目）。

また，2, 3 行目で int 型の変数 x, dx が宣言されている。このような変数はグローバル変数と呼ばれ，プログラム中のどこからでも利用することができる。ここで宣言されている以外の変数は，ローカル変数と呼ばれ，その変数が宣言されている関数の中でしか使用することができない。

変数のスコープ

プログラムの中で宣言される変数は，プログラム中のどこでも使用できるわけではなく，使用できる範囲が決っており，変数の使用できる範囲（有効範囲）のことをスコープとよぶ。変数は，その変数の宣言されているブロック（ { } で囲まれている範囲）内の，変数が宣言されている箇所より後ろの部分でのみ使用可能であり，変数の宣言されているブロックの外側では無効となる。変数が宣言された箇所より後に実行される部分であってもブロックの外側であればその変数は使用できない（図 4.7）。3 章のプログラム 3-5 などでも見てきたような for 文のカッコ ( ) 内で宣言されるループ制御用の変数などは，直後に続くブロック内のみで有効となる。また，6 章で説明される関数内で宣言される変数もその関数の中でのみ有効となる。これらはいずれもローカル変数であり，有効範囲が限定されることに注意しなければならない。このようにブロック内で宣言される変数をローカル変数という。

図 4.7　変数のスコープ

それに対し，プログラムの冒頭部のどのブロックにも属さない位置で宣言される変数はグローバル変数と呼ばれ，その有効範囲はプログラム全体に及ぶ。グローバル変数の方がローカル変数よりも便利そうにも思えるかもしれないが，プログラム内の一部のみでしか使われない変数はローカル変数として扱うことが推奨される。

フレーム

Processing では draw() 内の命令を上から順に下まで 1 回だけ実行することを 1 フレームと呼ぶ。1 フレームあたりの実行時間は，設定が変更されていなければ 1 秒あたり 60 フレーム，つまり，1 フレームあたり 1/60 秒で実行されることになる。draw() の中に記述されている命令が多く，上から下まで実行するのに 1/60 秒以上かかる場合には，draw() 内のすべての命令が処理され次第，すぐに

draw() 内の先頭に戻って処理が行われることになる。1秒あたりの実行回数（フレームレート）を変更したい場合には，関数 frameRate() を使用して設定することができる。例えば，frameRate(30); とすれば 1 秒あたりに 30 回実行されることになる。関数 frameRate() は，setup() の中で使用するのが一般的である。

例題 4.5 例題 4.4 のプログラムを修正して，円の中心が右端や左端に到達したら移動方向を反転させ，左右の往復運動を繰り返すプログラムを書いてみよう。

プログラム 4-5（アクティブモードを使った円の移動 (2)）

```
1   // グローバル変数
2   int x = 0;     // 円の中心のx座標
3   int dx = 5;    // x座標の変化分
4
5   // setup()関数（最初に一度だけ実行したい処理を記述）
6   void setup(){
7     size(800, 600); // 800×600のウィンドウを作成
8   }
9
10  // draw()関数（繰り返し実行させたい処理を記述）
11  void draw(){
12    background(192);           // 背景を灰色に設定
13    fill(0, 0, 255);           // 塗りつぶし色を青に設定
14    ellipse(x, height/2, 100, 100); // (x, height/2)を中心とする直径100の円を描画
15    x += dx;                   // x座標をdxだけ増やす
16    if(x < 0 || x > width){    // xが0未満，またはwidthより大きければ
17      dx *= -1;                // dxを-1倍する（dxの符号を反転させる）
18    }
19  }
```

このプログラムでは，16 行目の if 文で x が 0 未満，もしくは width（ウィンドウの横の大きさ）より大きくなったら x 座標の変化分 dx の値の符号を反転させている。dx の値が 5 のときは −5 に，−5 のときには 5 になり，移動方向が逆になる。

4.3 マウスカーソルの座標に応じた処理

ここでは，マウスの動きに反応するプログラムの第一歩として，マウスカーソルの位置に応じて動作するようなプログラムを作成する。

マウスカーソルの座標は，mouseX（x 座標）と mouseY（y 座標）というシステム変数（システムが提供する変数）に保存されており，プログラムを書く際に利用することができる。また，直前のフレーム（前に draw() が呼び出されたとき）のマウスカーソルの座標は，

pmouseX（x 座標）と pmouseY（y 座標）というシステム変数に保存されている。

例題 4.6 マウスカーソルの位置に直径 100 の青い円を描画するプログラムを書いてみよう。

プログラム 4-6（マウスカーソル位置に円を描画）

```
1   void setup(){
2     size(800, 600);              // 800×600のウィンドウを作成
3   }
4
5   void draw(){
6     background(192);             // 背景を灰色に設定
7     fill(0, 0, 255);             // 塗りつぶし色を青に設定
8     ellipse(mouseX, mouseY, 100, 100); // マウスカーソルの位置(mouseX, mouseY)
9                                  // を中心とする直径100の円を描画
10  }
```

図 **4.8** に実行結果を示す。

例題 4.7 マウスカーソルの軌跡を描画するプログラムを書いてみよう。

プログラム 4-7（マウスカーソルの軌跡を描画）

```
1   void setup(){
2     size(800, 600);              // 800×600のウィンドウを作成
3     background(192);
4   }
5
6   void draw(){
7     line(pmouseX, pmouseY, mouseX, mouseY);
8            // (pmouseX, pmouseY)と(mouseX, mouseY)を結ぶ直線を描画
9   }
```

このプログラムでは，直前のマウスカーソルの座標（pmouseX, pmouseY）と現在のマウスカーソルの座標（mouseX, mouseY）を直線で結んでいくことでマウスカーソルの軌跡を表示している（図 **4.9**）。

例題 4.7 では，setup() の中で関数 background() を一度だけ呼び出している。draw() の先頭で関数 background() を呼び出すようにすると，draw() が呼び出されるたびにウィンドウ全体が指定された色で塗りつぶされるため，直前のマウスカーソルの軌跡のみが描画されるようになる。ただし，関数 draw() が呼び出される間隔は 1/60 秒ごとと非常に短いため，マウスを素早く動かさないと軌跡は見えない。

32   4. 条件分岐とマウスカーソルの座標に応じた処理

図 4.8　例題 4.6 の実行結果　　図 4.9　例題 4.7 の実行結果

章 末 問 題

【 1 】 図 4.10 に示すように，直径 50 の円を横方向に 11 個，縦方向に 11 個，互いに接するように並べて表示せよ。なお，縦方向・横方向それぞれ中央の並びの円は黒で，それ以外の円は白で塗りつぶす。また，ウィンドウのサイズは 800×600 とし，背景色は灰色とする。

【 2 】 800×600 のサイズのウィンドウを，縦二つ × 横二つの計四つの均等な四角形領域（それぞれ 400×300 のサイズ）に分け，それらのうちマウスカーソルが位置する領域を白色で，それ以外の三つの領域は灰色で表示せよ。さらに例題 4.6 同様，マウスカーソルの位置を中心とする直径 100 の青色の円を描画せよ。図 4.11 はマウスカーソルがウィンドウの左上，右上，左下，右下にあるときのそれぞれの実行画面である。

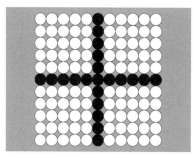
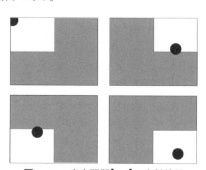

図 4.10　章末問題【 1 】の実行結果　　図 4.11　章末問題【 2 】の実行結果

5 マウス・キーボードによる操作

4章で学んだ条件文やアクティブモードでの動的な描画，マウスカーソルの座標の取得などを踏まえつつ，ここでは，マウスボタンが押されたり，キーボードによる入力が行われたりすることによって動作が変化するようなプログラムを作成する方法について学ぶ。

5.1 マウスの動きに反応するプログラム

ここでは，マウスボタンが押されたことによって処理が行われるようなプログラムの作成の仕方について見ていこう。

5.1.1 変数 mousePressed

マウスボタンが押されているかどうかは，mousePressed というシステム変数の値で知ることができる。mousePressed は boolean 型の変数であり，マウスボタンが押されている状態では true，押されていない状態では false の値をとる。

例題 5.1 if文を使って，マウスボタンが押されているときのみ線が描画されるような簡易お絵描きプログラムを書いてみよう。

───── プログラム 5-1（マウスボタンが押されているときに線を描画するお絵描き）─────

```
1   void setup(){
2     size(800, 600);         // 800×600のウィンドウを作成
3     strokeWeight(3);        // 線の太さを3に設定
4   }
5
6   void draw(){
7     if(mousePressed){
8       line(pmouseX, pmouseY, mouseX, mouseY);
9                 // (pmouseX, pmouseY)と(mouseX, mouseY)を結ぶ直線を描画
10    }
11  }
```

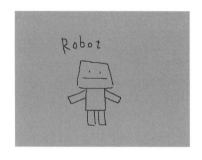

図 5.1　例題 5.1 の実行結果

このプログラムでは，setup() の中で，背景の色と線の太さの設定を行っている。線の太さは，関数 strokeWeight() で引数として線の太さを指定することで設定できる。また，draw() の中で if 文を利用し，マウスボタンが押されているかどうかを表すシステム変数 mousePressed の値が true のときに，直前のマウスカーソルの座標（pmouseX, pmouseY）と現在のマウスカーソルの座標（mouseX, mouseY）を結ぶ直線を描画している。if 文は if に続く ( ) の中の条件文が true のときにその後の { } で囲まれたブロックの中の処理が実行されるため，この例では mousePressed の値が true のときのみ，線が描画されることになる（図 5.1）。

5.1.2　システム変数 mouseButton

マウスのどのボタンが押されているかは，mouseButton というシステム変数の値で知ることができる（表 5.1）。

表 5.1　mouseButton の値

押されたマウスボタン	mouseButton の値
左ボタン	LEFT
右ボタン	RIGHT
中央ボタン	CENTER

なお，中央ボタンがないマウスやタッチパッドなどでは，左右両方のボタンを同時に押すことで中央ボタンを押したものとして認識される。環境によっては中央ボタンの押下がキーボードの Alt などのキーと右ボタンとの同時押しで代替されたりする場合もある。

例題 5.2　例題 5.1 のお絵描きプログラムをもとに，if〜else if 文を使って，マウスの左ボタンが押されている間はマウスカーソルの動いた跡に黒線を描画し，マウスの右ボタンが押されている間はマウスカーソルを中心とする位置に背景色で小さな円を描画することで消しゴムのように描いた絵を消去できるプログラムに発展させてみよう。

―――― プログラム 5-2（消しゴム機能付きのお絵描き）――――

```
1   void setup(){
2     size(800, 600);    // 800×600のウィンドウを作成
3     strokeWeight(3);   // 線の太さを3に設定
4     background(192);   // 背景を灰色に設定
5     fill(192);         // 塗りつぶし色を灰色に設定（消しゴム用）
```

5.1 マウスの動きに反応するプログラム

```
 6   }
 7
 8   void draw(){
 9     if(mousePressed){
10       if(mouseButton == LEFT){          // 左ボタンが押されていれば
11         stroke(0);                       // 線を黒色に設定
12         line(pmouseX, pmouseY, mouseX, mouseY);
13         // (pmouseX, pmouseY)と(mouseX, mouseY)を結ぶ直線を描画
14       }else if(mouseButton == RIGHT){   // 右ボタンが押されていれば
15         noStroke();                      // 輪郭を描画しないように設定
16         ellipse(mouseX, mouseY, 20, 20); // マウスカーソル位置に背景色で円を描画
17       }
18     }
19     println(mousePressed);    // mousePressedの値をコンソールに表示（確認用）
20   }
```

このプログラムでは，9行目でマウスボタンが押されているか（mousePressedがtureであるか）を調べ，trueであれば { } の中（10〜17行目）の処理を繰り返す。マウスボタンが押されていれば，左ボタンが押されているか（mouseButtonがLEFTであるか）を調べ（10行目），押されていれば11，12行目で黒線をマウスカーソルの動いた軌跡として描画している。左ボタンが押されていない場合には14行目で右ボタンが押されているか（mouseButtonがRIGHTであるか）を調べ，押されていれば15，16行目にてマウスカーソル位置に背景色で直径20の円を描画する。どちらのボタンも押されていない場合には何も表示されない。この例を見てもわかるように，if文の中にさらにif文を入れるような入れ子構造にすることもできる。

また，19行目では，関数println()を用いてmousePressedの値をコンソールに表示している。関数println()では引数として指定した変数の値や文字列などをコンソールに出力することができる。このプログラムでは，マウスボタンが押されている間はコンソールにtrueが，押されていないときにはfalseが表示されることになる。関数println()では表示した後に改行されるようになっているが，改行したくない場合には関数print()を用いればよい。

5.1.3 関数mousePressed()

mousePressedというシステム変数を利用するとマウスボタンが押されているかどうかを判定することができる。しかし，変数mousePressedはマウスボタンが押されている間はずっとtrueになっているため，マウスが押されたときに1回だけ特定の動作をさせたいような場合には向いていない。マウスが押されたときに1回だけ特定の動作をさせたいような場合には，マウスボタンが押されたときに一度だけ呼び出される関数mousePressed()を利用する。関数mousePressed()は，関数setup()や関数draw()などと同様にProcessingであらかじ

め用意されている関数である。

例題 5.3 if～else if 文を使って，マウスの左ボタンが押されたら左に 200，マウスの右ボタンが押されたら右に 200 ずれた位置に赤い矩形を描画するプログラムを書いてみよう。なお，矩形が右端にあるときに右ボタンが押された場合には矩形は左端に，矩形が左端にあるときに左ボタンが押された場合には矩形は右端に描画されるようにする。

プログラム 5-3（マウスボタンが押されるたびに矩形を描画）

```
1   int x = 0;                       // 矩形の左上のx座標
2
3   void setup(){
4     size(800, 600);                // 800×600のウィンドウを作成
5     noStroke();                    // 輪郭線を描画しないように設定
6     fill(255, 0, 0);               // 塗りつぶし色を赤に設定
7   }
8
9   void draw(){
10    background(192);               // 背景を灰色に設定
11    rect(x, 100, 200, 400);        // (x, 100)に200×400の矩形を描画
12  }
13
14  // mousePressed()関数（マウスが押されたときに一度だけ呼び出される）
15  void mousePressed(){
16    if(mouseButton == LEFT){       // 左ボタンが押されたら
17      x -= 200;                    // xの値を200減らす
18      if(x < 0){                   // xの値が0未満になったら
19        x = width - 200;           // xを右端に矩形が描画される位置に変更
20      }
21    }else if(mouseButton == RIGHT){ // 右ボタンが押されたら
22      x += 200;                    // xの値を200増やす
23      if(x >= width){              // xの値がウィンドウの横幅以上になったら
24        x = 0;                     // xを左端に矩形が描画される位置に変更
25      }
26    }
27  }
```

このプログラムでは，1行目でグローバル変数として矩形の左上の座標を表す x を宣言している。変数 x は draw() および mousePressed() の中で利用されている。マウスボタンが押されると関数 mousePressed() が呼び出され，その中の処理が実行される。関数 mousePressed() の中で押されたマウスボタンに応じて x の値を変更し，変更された x の値を利用して，関数 draw() の中で関数 rect() を用いて矩形を描画している（図 **5.2**）。

5.2 キーボード入力に反応するプログラム 37

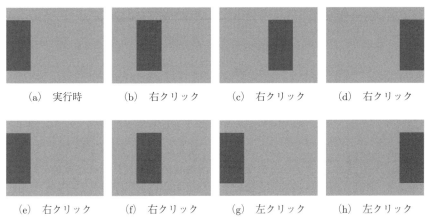

(a) 実行時　(b) 右クリック　(c) 右クリック　(d) 右クリック

(e) 右クリック　(f) 右クリック　(g) 左クリック　(h) 左クリック

図 5.2　例題 5.3 の実行結果

5.2　キーボード入力に反応するプログラム

Processing では，押されているキーに応じて異なる処理を行うようなプログラムも作成することができる。

5.2.1　システム変数 keyPressed と key

キーボードのキーが押されているかどうかは，keyPressed というシステム変数の値で知ることができる。keyPressed は boolean 型の変数であり，いずれかのキーが押されている状態では true，どのキーも押されていない状態では false の値をとる。どのキーが押されているかは key という char 型（文字型）のシステム変数の値で知ることができ，key には最後に押されたキーに対応する文字の情報が格納されている。

例題 5.4　キーが押されている間，押されているキーの文字をグラフィック画面に表示するプログラムを書いてみよう。

―――― プログラム 5-4（押れているキーの文字をグラフィック画面に表示）――――

```
1   void setup(){
2     size(300, 300);           // 300×300のウィンドウを作成
3     textSize(64);             // フォントのサイズを64に指定
4     textAlign(CENTER, CENTER);// 文字表示位置を水平・垂直方向ともにCENTERに設定
5     fill(0);                  // 文字の色を黒に設定
6   }
7
8   void draw(){
```

```
 9    background(192);                // 背景を灰色に設定
10    if(keyPressed){                  // キーが押されていたら
11      text(key, width/2, height/2); // ウィンドウ中央に押されたキーの文字を表示
12    }
13  }
```

図 5.3 例題 5.4 の
　　　実行結果

図 5.3 に実行結果を示す。このプログラムでは，setup() の中でフォントのサイズと文字表示位置を揃える基準を指定している。フォントのサイズは関数 textSize() を使って指定でき，引数として指定されたサイズに設定される。文字を表示する位置を揃える基準は関数 textAlign() を使って設定でき，引数としては下記のように水平・垂直各方向の揃え方を指定する。

文字表示の位置の基準の設定

　文字を表示する位置の揃え方は関数 textAlign() で設定する。textAlign(hAlign, vAlign) のように二つの引数を指定できる。水平方向の位置揃えは hAlign で設定する。これは左揃え（LEFT），中央揃え（CENTER），右揃え（RIGHT）の 3 通りの中から選択する。そして垂直方向の位置揃えは vAlign で設定し，これはベースライン（BASELINE），上（TOP），中央（CENTER），下（BOTTOM）の 4 通りの中から選択する。水平・垂直の各位置揃えを図 5.4 に示す。図 5.4 では，基準となる縦線・横線の位置に対する，各設定での相対的な文字列表示位置が表されている。

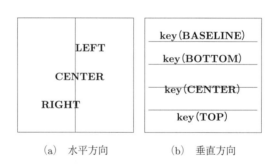

(a) 水平方向　　　(b) 垂直方向

図 5.4 文字の位置揃え

　draw() の中では，関数 background() で背景色を設定し，前に描画した内容を消した後で，関数 fill() を用いて文字の色を設定している。10 行目の if 文でシステム変数 keyPressed の値が true であるか判定し，true であれば（つまり，いずれかのキーが押されていれば）押されている文字をウィンドウの中央（width/2, height/2）に表示している。文字の表示には関数 text() を使用する。

　関数 text() では

```
    text(' 表示する文字', x 座標, y 座標);      【例】text('B', 30, 50);
```

または

```
    text("表示する文字列", x 座標, y 座標);    【例】text("Hello", 100, 50);
```

のように記述することで，文字や文字列を表示することができる．なお，ここで指定する座標が文字のどの位置に対応しているかは関数 textAlign() での指定によって変わってくる．

11 行目の関数 text() では，システム変数 key に格納されている文字を表示している．表示する文字は ' '，文字列は " " で囲んで指定する必要があるが，変数に格納されている値を表示する場合は変数名をそのまま記述すればよい．

例題 5.5 キーが押されている間，押されているキーの文字をコンソールに表示するプログラムを書いてみよう．

―――― プログラム 5-5（押されているキーの文字をコンソールに表示）――――

```
1   // コンソールに表示するプログラムなので関数内には何も記述する必要はないが，
2   // setup() を記述しておく必要はある
3   void setup(){
4   }
5
6   void draw(){
7     if(keyPressed){
8       print(key);  // 押されたキーの文字をコンソールに表示
9     }
10  }
```

このプログラムでは，システム変数 keyPressed の値が true であるとき，つまりいずれかのキーが押されている間，押されているキーの文字をコンソールに表示し続ける．関数 print() は draw() が呼ばれるたびに実行されるため，キーが押されている間は，1/60 秒に 1 回の速さでコンソールに文字が表示されることになる．

5.2.2 関数 keyPressed()

関数 mousePressed() と同様，キーが押されたときに一度だけ呼び出される関数 keyPressed() が用意されており，キーが押されたときに 1 回だけ特定の動作をさせたいような場合に利用する．

例題 5.6 キーが押されたら，1 回だけそのキーの文字をコンソールに表示するプログ

ラムを書いてみよう．

プログラム 5-6（押されたキーの文字を1回だけコンソールに表示）

```
1   // コンソールに表示するプログラムなので関数内には何も記述する必要はないが，
2   // setup() と draw() を記述しておく必要はある
3   void setup(){
4   }
5
6   void draw(){
7   }
8
9   void keyPressed(){
10    print(key); // 押されたキーの文字をコンソールに表示
11  }
```

このプログラムでは，例題 5.5 とは違い，キーが押されたときに一度だけ呼び出される keyPressed() の中で関数 print() を使用しているため，キーが押されたタイミングで1回だけ押されているキーの文字がコンソールに表示されることになる．なお，システム変数 keyPressed と keyPressed() 関数との関係は図 5.5 のようになっている．

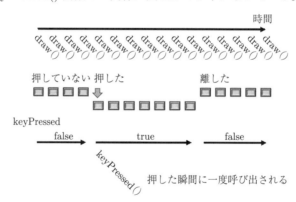

図 5.5 システム変数 keyPressed と keyPressed() 関数の関係

5.2.3 押されたキーの判定

どのキーが押されているかは key というシステム変数の値で知ることができ，key には最後に押されたキーに対応する文字の情報が格納されていることはすでに述べた．システム変数 key を利用することで押されているキーを判別できる．押されたキーが英数字などの場合には

```
if(key == 'a'){
  ...
}
```

5.2 キーボード入力に反応するプログラム

などのように記述することで，押されたキーを判別して，それに応じた処理を行うことができる．Enter キーやスペースキー，Tab キー，Delete キー，Backspace キーなどが押された場合は，key には表 5.2 のような値が格納されており，これを利用して判別する．

表 5.2 押されたキーと key の値

押されたキー	key の値
Enter キー	ENTER
スペースキー	' '
Tab キー	TAB
Delete キー	DELETE
Backspace キー	BACKSPACE

また，Shift キーや Ctrl キー，Alt キー，カーソルキー（↑, ↓, ←, →）などのように特定の文字と関連づけられていないキーが押された場合には key の値は CODED となる．そのような場合には，keyCode というシステム変数の値を調べることでどのキーが押されているかを知ることができる（表 5.3）．

表 5.3 押されたキーと keyCode の値

押されたキー	keyCode の値
Shift キー	SHIFT
Ctrl キー	CONTROL
Alt キー	ALT
↑キー	UP
↓キー	DOWN
←キー	LEFT
→キー	RIGHT

例題 5.7 キーが押されている間，押されているキーを判別し，その結果を表示するプログラムを書いてみよう．なお，特殊なキーが押されている場合には，Left や Enter などのように対応する文字列を表示するようにする．

プログラム 5-7（キーが押されている間，押されているキーの判別）

```
1   void setup(){
2     size(300, 300);              // 300×300のウィンドウを作成
3     textSize(64);                // フォントのサイズを64に指定
4     textAlign(CENTER, CENTER);   // 文字表示位置を水平・垂直方向ともにCENTERに設定
5   }
6
7   void draw(){
8     background(192);             // 背景を灰色に設定
9     fill(0);                     // 文字の色を黒に設定
10    if(keyPressed){              // キーが押されていたら
11      if(key == CODED){          // 特殊なキーならば
12        if(keyCode == LEFT){     // カーソルキー(←)なら
13          text("Left", width/2, height/2);    // Leftと表示
14        }else if(keyCode == RIGHT){           // カーソルキー(→)なら
15          text("Right", width/2, height/2);   // Rightと表示
16        }
17      }
18      if(key == ENTER){                       // Enterキーなら
19        text("Enter", width/2, height/2);     // Enterと表示
20      }else if(key == ' '){                   // スペースキーなら
21        text("Space", width/2, height/2);     // Spaceと表示
22      }
23    }
24  }
```

章末問題

【1】図 5.6 に示すようにウィンドウ内に直径 100 の青色の円を表示し，マウスの左ボタンが押されている間は円が左に，右ボタンが押されている間は右に移動し続けるようなプログラムを作成せよ．なお，どちらのボタンも押されていないときは円は移動しないものとする．

ウィンドウのサイズは 800×600，背景色は灰色とする．プログラムの実行開始時には円は画面中央で静止しているものとし，その後，マウスボタンが押されている間は円の x 座標は画面が更新されるたびに 5 ずつ動くようにする．なお，円の中心がウィンドウの左端に到達すると左ボタンを押しても円はそれ以上左には移動せず，円の中心がウィンドウの右端に到達すると右ボタンを押してもそれ以上右には移動しないものとする．マウスボタンが押されたかどうかのチェックは関数 draw() の中でシステム変数 mousePressed を参照して行う．

【2】以下の説明に合うように簡易タイプライターのプログラムを作成せよ．

- ウィンドウのサイズは 800×600，背景色は灰色とする．また，文字サイズは 40 とし，関数 textAlign() での水平・垂直各方向の位置揃えの指定はそれぞれ LEFT, TOP とする．
- 最初の文字の表示位置はウィンドウの左上（ウィンドウの左端と上端から 4 ピクセルの位置）とする．
- キーを押すと，押されたキーの文字がウィンドウに表示され，次に押されるキーの文字の表示位置が 1 文字分（40 ピクセル）右にずれるようにする．表示する文字は半角英数字・記号文字（システム変数 key が CODED でないもの）のみとし，全角文字は対象としない．
- 文字の表示位置がウィンドウの右端に到達する（右端から 30 ピクセル以内の位置に達する）か，Enter キーが押された場合に改行が行われ，次の文字表示位置が横方向は初期位置と同じとなり，縦方向には下に 1 文字分（50 ピクセル）ずれる．
- 文字表示位置がウィンドウの下端に到達する（下端から 30 ピクセル以内の位置に達する）と，全体が背景色で消去され，次の文字の表示位置は初期位置のウィンドウの左上に戻る．

なお，キー入力のチェックには関数 keyPressed() を使用するものとする．実行例を図 5.7 に示す．

図 5.6　章末問題【1】の実行結果　　図 5.7　章末問題【2】の実行結果

6　関　　数

　ここまでの章では，Processingであらかじめ用意されている関数を利用して，様々なプログラムを書いてきた。関数は，一連の処理をまとめて記述しておき，それを呼び出すことで利用できるようにしたものであるが，用意されている関数を利用するだけでなく，自分で関数を作成し，利用することもできる。

6.1　関　数　と　は

　関数とは，一連の処理をまとめて記述しておき，それを呼び出すことで利用できるようにしたものであり

```
戻り値の型  関数名(引数の型  引数名, ...){
    処理;
    ...
}
```

のように定義する。

　戻り値は，関数の中で処理した値などを関数の呼び出し元で利用できるようにするものであるが，具体的には6.4節で説明する。また，引数は呼び出し元から渡された値を関数の中での処理に利用できるようにするものであるが，具体的には6.3節で説明する。関数名は，変数名と同じように自由につけることができるが，どのような処理を行う関数なのかわかる名前をつけておくことが望ましい。

　また，関数を定義しただけでは関数内に記述された処理は実行されない。関数の中に記述された処理を実行するためには，関数を呼び出す必要がある。

　なお，自分で作成した関数はアクティブモード（setup()などを使用するモード）でしか使用することができない。

6.2　引数も戻り値もない関数

　ここでは，まず引数も戻り値もない関数を作ってみよう。

例題 6.1 画面の中央に車を描画する関数 drawCar() を作成し，画面に車を描画するプログラムを書いてみよう．

プログラム 6-1（画面の中央に車を描画）

```
1   void setup(){
2     size(800, 600); // 800×600のウィンドウを作成
3     drawCar();      // 車を描画する関数drawCar()を呼び出す
4   }
5
6   // 画面の中央に車を描画する関数
7   void drawCar(){
8     int x = width/2;              // x座標を中央に設定
9     int y = height/2;             // y座標を中央に設定
10    fill(0, 255, 255);            // 塗りつぶし色をシアンに設定
11    rect(x-25, y-25, 50, 25);     // 上の小さい矩形を描画
12    fill(255, 200, 0);            // 塗りつぶし色を(255, 200, 0)に設定
13    rect(x-50, y, 100, 25);       // 下の大きい矩形を描画
14    fill(60);                     // 塗りつぶし色を明るさ60の灰色に設定
15    ellipse(x-25, y+25, 25, 25);  // 左の円(タイヤ)を描画
16    ellipse(x+25, y+25, 25, 25);  // 右の円(タイヤ)を描画
17  }
```

図 6.1 例題 6.1 の実行結果

このプログラムでは，7〜17 行目で画面の中央に車を描画する関数 drawCar() を定義し，この関数の中で，矩形や円を描画することで車を描くことができるようにしている．なお，7 行目の先頭の void はその関数が戻り値がないことを表している．また，drawCar の後の ( ) の中は，引数がないため空となっている．作成した関数 drawCar() を setup() の中で呼び出すことで実際に画面上に車が描画されることになる（3 行目）．

例題 6.2 例題 6.1 の車を描画する関数 drawCar() を修正し，マウスの左ボタンが押されたらマウスカーソルの位置に車を描画するプログラムを書いてみよう．

プログラム 6-2（マウスカーソルの位置に車を描画）

```
1   void setup(){
2     size(800, 600); // 800×600のウィンドウを作成
3   }
4
```

```
 5    void draw(){ // 何も記述しないが(マウスやキーボード入力を行う場合には)必要
 6    }
 7
 8    void mousePressed(){
 9      if(mouseButton == LEFT){ // マウスの左ボタンが押されたら
10        drawCar(); // 車を描画する関数drawCar()を呼び出す
11      }
12    }
13
14    // マウスの位置に車を描画する関数
15    void drawCar(){
16      int x = mouseX;                  // x座標をマウスのx座標に設定
17      int y = mouseY;                  // y座標をマウスのy座標に設定
18      fill(0, 255, 255);               // 塗りつぶし色をシアンに設定
19      rect(x-25, y-25, 50, 25);        // 上の小さい矩形を描画
20      fill(255, 200, 0);               // 塗りつぶし色を(255, 200, 0)に設定
21      rect(x-50, y, 100, 25);          // 下の大きい矩形を描画
22      fill(60);                        // 塗りつぶし色を明るさ60の灰色に設定
23      ellipse(x-25, y+25, 25, 25);     // 左の円(タイヤ)を描画
24      ellipse(x+25, y+25, 25, 25);     // 右の円(タイヤ)を描画
25    }
```

このプログラムでは，15〜25行目でマウスカーソルの位置に車を描画する関数drawCar()を定義し，この関数の中で，マウスカーソルの位置（mouseX, mouseY）に応じて車が描画されるようにしている。マウスの左ボタンが押されたときにこの関数drawCar()が呼び出されればよいので，マウスボタンが押されたときに一度だけ呼び出される関数mousePressed()の中で，mouseButtonの値がLEFTであるかを調べ（9行目），LEFTであれば関数drawCar()を呼び出すようにしている（10行目）。

例題 6.3 例題6.1の車を描画する関数drawCar()を修正し，車の座標をランダムに決め，その位置に車を描画する関数drawCar()を作成し，それを利用して車を五つ描画するプログラムを書いてみよう。

───── プログラム 6-3（ランダムな位置に車を描画）─────

```
 1    void setup(){
 2      size(800, 600); // 800×600のウィンドウを作成
 3      for(int i = 0; i < 5; i++){ // 5回繰り返す
 4        drawCar(); // ランダムな位置に車を描画する関数の呼び出し
 5      }
 6    }
 7
 8    // ランダムな位置に車を描画する関数
 9    void drawCar(){
10      float x = random(50, width-50);          // x座標をランダムに設定
```

```
11      float y = random(50, height-50);      // y座標をランダムに設定
12      fill(0, 255, 255);                    // 塗りつぶし色をシアンに設定
13      rect(x-25, y-25, 50, 25);             // 上の小さい矩形を描画
14      fill(255, 200, 0);                    // 塗りつぶし色を(255, 200, 0)に設定
15      rect(x-50, y, 100, 25);               // 下の大きい矩形を描画
16      fill(60);                             // 塗りつぶし色を明るさ60の灰色に設定
17      ellipse(x-25, y+25, 25, 25);          // 左の円(タイヤ)を描画
18      ellipse(x+25, y+25, 25, 25);          // 右の円(タイヤ)を描画
19    }
```

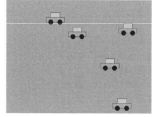

図6.2 例題6.3の実行結果

図6.2に実行結果を示す。このプログラムでは，9〜19行目でランダムな位置に車を描画する関数drawCar()を定義している。車の位置を表す座標は，関数random()を利用して決定している。random()は，乱数を生成する関数であり，random(a, b)と記述するとa以上b未満のfloat型の値がランダムに返される（生成される）。このプログラムでは，x座標が50以上width−50未満，y座標が50以上height−50未満になるようにランダムに生成している（10, 11行目）。setup()の中で，関数drawCar()をfor文を使って5回呼び出し，車を五つ描画している（3〜5行目）

関数 random()

関数random()では

　random(a)

と記述すると，0以上a未満のfloat型の乱数が生成される。int型の乱数を生成したい場合には

　(int)random(a)

のように記述すればよい。ただし，この場合には0〜a−1のint型の乱数が生成される。0〜aのint型の乱数を生成したい場合には

　(int)random(a+1)

とすればよい。また

　random(a, b)

のように記述するとa以上b未満のfloat型の乱数を生成することができる。int型のa〜bの乱数を生成したい場合には

　(int)random(a, b+1)

とすればよい。

6.3　引数のある関数

ここでは，引数のある関数を作ってみよう。引数を利用することで，関数を呼び出す側か

ら関数に値を渡し，その値を関数の中での処理に利用することができる。引数は関数名の後ろの ( ) の中に記述する。

例題 6.4 例題 6.1 の車を描画する関数 drawCar() を引数として車を描画する位置（x 座標と y 座標）を int 型で指定できるように書き換えてみよう。

---——— プログラム 6-4（位置を指定して車を描画）———

```
1   void setup(){
2     size(800, 600);           // 800×600のウィンドウを作成
3     drawCar(width/2, height/2); // 車を描画する関数を呼び出す
4                               // 位置を(width/2, height/2)に設定
5   }
6
7   // 引数として指定された(x, y)の位置に車を描画する関数
8   void drawCar(int x, int y){
9     fill(0, 255, 255);        // 塗りつぶし色をシアンに設定
10    rect(x-25, y-25, 50, 25); // 上の小さい矩形を描画
11    fill(255, 200, 0);        // 塗りつぶし色を(255, 200, 0)に設定
12    rect(x-50, y, 100, 25);   // 下の大きい矩形を描画
13    fill(60);                 // 塗りつぶし色を明るさ60の灰色に設定
14    ellipse(x-25, y+25, 25, 25); // 左の円(タイヤ)を描画
15    ellipse(x+25, y+25, 25, 25); // 右の円(タイヤ)を描画
16  }
```

このプログラムでは，8〜16 行目で引数として座標を指定して車を描画することのできる関数 drawCar() を定義している。drawCar() の引数として，int 型の x と int 型の y という二つの値を受け取れるようになっており（8 行目），矩形や円を描画する際に引数として渡された x, y の値を利用している（10, 12, 14, 15 行目）。

関数 drawCar() を setup() の中で呼び出すことで実際に画面上に車が描画される（3 行目）。ここでは，一つ目の引数として width/2（ウィンドウの横のサイズの半分），二つ目の引数として height/2（ウィンドウの縦のサイズの半分）を指定している。したがって，drawCar() の関数には，一つ目の引数 x に width/2 が，二つ目の引数 y に height/2 が渡されることになり，drawCar() の関数の中では，この値が利用されることになる。

関数 drawCar() を呼び出す際に，引数として別の値を指定すれば画面の別の場所に車を描画することができる。

6.4 戻り値のある関数

ここでは，戻り値のある関数を作ってみよう。戻り値は，関数の中で処理した値などを関

数の呼び出し元で利用できるようにするもので，戻り値として返す値の型を関数名の前に記述する。戻り値がない関数の場合には，戻り値の型は void とする。戻り値として値を返す場合には，関数の最後に

　return 戻り値；

のように記述する。

例題 6.5　中心の座標が（cx, cy）の半径 r の円の円周上の角度 a（ラジアン）の点の x 座標を計算する関数 calcX() と y 座標を計算する関数 calcY() を作成し，それを利用して円周上の点を中心とする円を三つ描画するプログラムを書いてみよう。

```
        ── プログラム 6-5（中心の座標とそこからの距離と角度を指定して円を描画）──

    1   void setup(){
    2     size(800, 600); // 800×600のウィンドウを作成
    3     noFill();        // 塗りつぶしをしないように設定
    4     ellipse(width/2, height/2, 200, 200); // 画面中央に直径200の円を描画
    5     for(int i = 0; i < 3; i++){  // 3回繰り返す
    6       ellipse(calcX(width/2, 100, PI/6 + TWO_PI/3 * i),
    7               calcY(height/2, 100, PI/6 + TWO_PI/3 * i), 100, 100);
    8               // 120°(TWO_PI/3)ずつ位置をずらしながら直径100の円を描画
    9     }
   10   }
   11
   12   // 中心のx座標がcxの半径rの円の円周上の角度a(ラジアン)の点のx座標を計算
   13   float calcX(int cx, int r, float a){
   14     float x = cx + r * cos(a);
   15     return x; // 計算したx座標の値を返す
   16   }
   17
   18   // 中心のy座標がcyの半径rの円の円周上の角度a(ラジアン)の点のy座標を計算
   19   float calcY(int cy, int r, float a){
   20     float y = cy + r * sin(a);
   21     return y; // 計算したy座標の値を返す
   22   }
```

図 **6.3**(a) に実行結果を示す。このプログラムでは，13～16 行目で中心の x 座標が cx の半径 r の円の円周上の角度 a（ラジアン）の点の x 座標を計算する関数 calcX() を定義している。この関数では，引数として指定された中心の x 座標 cx と半径 r，角度 a を利用して，x 座標を計算し（14 行目），戻り値として返している（15 行目）。関数 cos() は cos 関数であり，引数として角度をラジアンで指定する。

また，19～22 行目で中心の y 座標が cy の半径 r の円の円周上の角度 a（ラジアン）の点の y 座標を計算する関数 calcY() を定義している。この関数では，引数として指定された中

6.4 戻り値のある関数

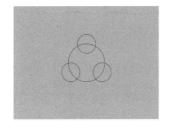
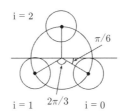

(a) 実行結果　　　　(b) 各円の位置

図 6.3　例題 6.5 の実行結果と各円の位置

心の y 座標 cy と半径 r，角度 a を利用して，y 座標を計算し（20 行目），戻り値として返している（21 行目）。関数 sin() は sin 関数であり，引数として角度をラジアンで指定する。

setup() の中で円を三つ描画する際に，関数 ellipse() の引数として関数 calcX() と関数 calcY() を利用し，円の中心座標を指定している。なお，関数 calcX() と関数 calcY() に引数を角度を指定する際に PI と TWO_PI を利用している。PI は π であり，3.14159265358979323 846 の値を持つ定数である。また，TWO_PI は 2π であり，6.28318530717958647693 の値を持つ定数である。各円の位置は図 6.3(b) となる。

例題 6.6　例題 6.4, 6.5 で作成したプログラムを組み合わせて，円周上に車を五つ描画するプログラムを書いてみよう。

プログラム 6-6（円周上に車を描画）

```
1   void setup(){
2     size(800, 600); // 800×600のウィンドウを作成
3     noFill();       // 塗りつぶしをしないように設定
4     ellipse(width/2, height/2, 200, 200); // 画面中央に直径200の円を描画
5     for(int i = 0; i < 5; i++){  // 5回繰り返す
6       drawCar((int)calcX(width/2, 100, TWO_PI/5 * i),
7               (int)calcY(height/2, 100, TWO_PI/5 * i));
8                // 72°(TWO_PI/5)ずつ位置をずらしながら車を描画
9     }
10  }
11
12  // 中心のx座標がcxの半径rの円の円周上の角度a(ラジアン)の点のx座標を計算
13  float calcX(int cx, int r, float a){
14    float x = cx + r * cos(a);
15    return x; // 計算したx座標の値を返す
16  }
17
18  // 中心のy座標がcyの半径rの円の円周上の角度a(ラジアン)の点のy座標を計算
19  float calcY(int cy, int r, float a){
20    float y = cy + r * sin(a);
21    return y; // 計算したy座標の値を返す
```

50　　6. 関　　数

```
22    }
23
24    // 引数として指定された(x, y)の位置に車を描画する関数
25    void drawCar(int x, int y){
26      fill(0, 255, 255);           // 塗りつぶし色をシアンに設定
27      rect(x-25, y-25, 50, 25);    // 上の小さい矩形を描画
28      fill(255, 200, 0);           // 塗りつぶし色を(255, 200, 0)に設定
29      rect(x-50, y, 100, 25);      // 下の大きい矩形を描画
30      fill(60);                    // 塗りつぶし色を明るさ60の灰色に設定
31      ellipse(x-25, y+25, 25, 25); // 左の円(タイヤ)を描画
32      ellipse(x+25, y+25, 25, 25); // 右の円(タイヤ)を描画
33    }
```

図 6.4 に実行結果を示す。

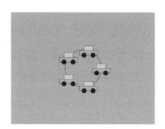

図 6.4　例題 6.6 の実行結果

章　末　問　題

【1】 例題 6.3 の車を描画する関数 drawCar() を利用して，図 6.5 に示すように八つの車をランダムな位置に描画するプログラムを作成せよ。

【2】 例題 6.4 の車を描画する関数 drawCar() を利用して，図 6.6 に示すように五つの車を描画するプログラムを作成せよ。なお，五つの車の y 座標は 1 番上のものを 100 とし，100 ずつずらすものとする。また，車の x 座標は横方向の中央から ±150 の範囲でランダムに決定するものとする。なお，車の x 座標を決定するのには関数 random() を用いる。

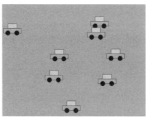 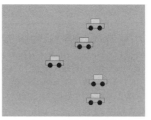

図 6.5　章末問題【1】の　　　図 6.6　章末問題【2】の
　　　　実行結果　　　　　　　　　　実行結果

7 配　　　列

ここまでの章では，値を変数に格納し，計算や描画などに利用してきた。しかし，同じようなデータをたくさん扱うような場合には，変数を一つずつ用意するという方法では，プログラムは複雑で読みにくいものになってしまう。そのような場合には，配列という考え方を使うと便利なことが多い。

7.1 配　　　列

例題 7.1 中心座標と直径を指定して三つの円を描画するプログラムを書いてみよう。

―――――― プログラム 7-1（三つの円を描画）――――――

```
1   void setup(){
2     size(800, 600);         // 800×600のウィンドウを作成
3
4     int x1 = 200;           // 一つ目の円の中心のx座標
5     int y1 = 100;           // 一つ目の円の中心のy座標
6     int d1 = 50;            // 一つ目の円の直径
7     int x2 = 550;           // 二つ目の円の中心のx座標
8     int y2 = 300;           // 二つ目の円の中心のy座標
9     int d2 = 100;           // 二つ目の円の直径
10    int x3 = 300;           // 三つ目の円の中心のx座標
11    int y3 = 400;           // 三つ目の円の中心のy座標
12    int d3 = 180;           // 三つ目の円の直径
13
14    ellipse(x1, y1, d1, d1); // 一つ目の円を描画
15    ellipse(x2, y2, d2, d2); // 二つ目の円を描画
16    ellipse(x3, y3, d3, d3); // 三つ目の円を描画
17  }
```

変数を使って記述すると，プログラム 7-1 のように，各円について x 座標，y 座標，直径を表す変数が必要となり，円を描画する関数 ellipse() も円の数だけ書く必要がある。それに対し，配列を利用するとプログラムを簡潔に書くことができる。

配列は，同じ名前のつけられた箱（変数）が並んだようなものであると考えることができ，変数と同じように配列の箱の中にも値を格納して利用することができるようになっている。

配列を使うには

(1) 配列の宣言（配列を扱うための変数を用意する）
(2) 配列要素の確保（値を格納する箱を用意する）

の二つの作業を行う必要がある。

配列の宣言は

　型名 [] 配列変数名;

のように記述することで行うことができ，int 型の x という名前の配列変数を宣言する場合には

　int [] x;

となる。

配列要素の確保は

　配列変数名 = new 型名 [要素数];

のように記述することで行うことができ，例えば

　x = new int[3];

のように記述すると，int 型の変数三つ分の領域がメモリ上に確保され，その領域を x が指し示すようになる。

また

　型名 [] 配列変数名 = new 型名 [要素数];

のように記述することで，配列の宣言と配列要素の確保を同時に行うこともできる。例えば

　int[] x = new int[3];

のように記述すると，int 型の要素数 3 の x という配列が使えるようになる。

配列要素の確保は値を格納するための箱を指定された数だけ用意することに相当し，箱のことを要素と呼ぶ。new 型名 [要素数] で「型名」で指定された型の変数が「要素数」で指定された個数の分だけ確保されることになる。配列の要素数のことを配列の長さと呼ぶこともあり，配列変数名.length で配列の要素数（長さ）を表すことができる。

配列の各要素は，x[0], x[1] のように表すことができ，[ ] の番号は添字と呼ばれる。配列の要素は 0 から始まるため

　x = new int[3];

のように配列要素を確保した場合には，x[0], x[1], x[2] の三つが使用できることになる。配列の各要素は，変数と同じように値を格納したり，参照したりすることができる（図 **7.1**）。

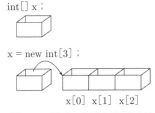
図 7.1 配列の宣言と配列要素の確保

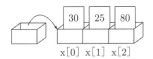
図 7.2 配列の宣言と初期化

また，配列変数の宣言時に

型名 [] 配列変数名 = {値 1, 値 2, ...};

のように記述することで，配列変数の宣言と同時に初期化（最初に値を代入すること）を行うこともできる。例えば

int[] x = {30, 25, 80};

とすると，x[0] には 30，x[1] には 25，x[2] には 80 が代入される（図 7.2）。

例題 7.2 配列を利用して，中心座標と直径を指定して三つの円を描画するプログラムを書いてみよう。

プログラム 7-2（三つの円を描画）

```
1   void setup(){
2     size(800, 600);           // 800×600のウィンドウを作成
3
4     int[] x = {200, 550, 300}; // 円の中心のx座標
5     int[] y = {100, 300, 400}; // 円の中心のy座標
6     int[] d = {50, 100, 180};  // 円の直径
7
8     for(int i = 0; i < x.length; i++){  // x.length(3)回繰り返す
9       ellipse(x[i], y[i], d[i], d[i]);  // (x[i], y[i])を中心とする
10                                         // 直径d[i]の円を描画
11    }
12  }
```

図 7.3 に実行結果を示す。このプログラムでは，描画したい円の数（3）を要素数とする x, y, d という名前の配列変数を 4~6 行目で宣言し，それぞれの円の中心の x 座標，y 座標，直径の値を初期値として設定している。例えば，一つ目の円の x 座標は x[0] であり，そこには 200 という値が格納されていることになる。

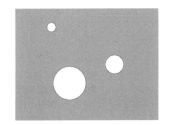
図 7.3 例題 7.2 の実行結果

8～11 行目では，for 文を使って，円を描画する関数 ellipse() を円の数分だけ呼び出している。8 行目の x.length は配列 x の要素数（長さ）を表しており，ここでは 3 となる。

プログラム 7-1 の配列を使わずに書いたプログラムよりも簡潔になっており，円の数を増やしたい場合は，4～6 行目で配列の宣言と初期化を行っている部分のみを書き換えればよいことになる。

例題 7.3 配列を利用して，棒グラフを表示するプログラムを書いてみよう。

――――――― プログラム 7-3（棒グラフを表示）―――――――

```
1   void setup(){
2     size(800, 600);                      // 800×600のウィンドウを作成
3     background(255);                     // 背景色を白に設定
4     int[] data = {132, 250, 92, 40};     // データ
5
6     line(200, 100, 200, 500);            // 左側の縦線を描画
7     for(int i = 0; i < data.length; i++){ // data.length(4)回繰り返す
8       fill(150);                         // 塗りつぶし色を明るさ150の灰色に設定
9       rect(200, 125+100*i, data[i], 50); // data[i]×50の矩形を描画
10    }
11  }
```

図 7.4 に実行結果を示す。このプログラムでは，4 行目で data という要素数が 4 の配列変数を宣言し，それぞれの要素を 132, 250, 92, 40 で初期化している。

7～10 行目では，for 文を使って，関数 rect() を使用して data[i]×50 のサイズの矩形を描画するという処理を data の要素数（data.length）分だけ行っている。矩形の横幅を data[i] で指定することで，一つ目の矩形の横の大きさは 132（data[0] の値），二つ目の矩形の横の大きさは 250（data[1] の値）というように data の各要素の値に応じた長さに設定することができている。

例題 7.4 例題 7.3 のプログラムの一部を書き換えて，帯グラフを表示するプログラムを書いてみよう。

――――――― プログラム 7-4（帯グラフを表示）―――――――

```
1   void setup(){
2     size(800, 600);                      // 800×600のウィンドウを作成
3     background(255);                     // 背景色を白に設定
4     int[] data = {132, 250, 92, 40};     // データ
5     int[] gray = {150, 80, 200, 100};    // 塗りつぶし色（灰色）
6
```

```
  7    int x = 100;                          // x座標を100に設定
  8    for(int i = 0; i < data.length; i++){ // data.length(4)回繰り返す
  9      fill(gray[i]);                      // 塗りつぶし色をgray[i]に設定
 10      rect(x, height/2-25, data[i], 50);  // data[i]×50の矩形を描画
 11      x += data[i];                       // 矩形のx座標の値をdata[i]だけずらす
 12    }
 13  }
```

例題 7.3 では，y 座標を変化させながら data.length（= 4）個の矩形を描画することで棒グラフを表示させていたが，このプログラムでは，x 座標の値を data[i] の値ずつ右にずらしていくことで帯グラフを表示している（図 7.5）。

また，矩形の塗りつぶしの色を 5 行目で宣言した gray という名前の配列で指定し，それを 9 行目で関数 fill() の引数として使用することで，各矩形の色が変わるようにしている。

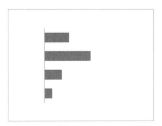

図 7.4　例題 7.3 の実行結果　　図 7.5　例題 7.4 の実行結果

例題 7.5　配列を使って，10 フレーム分のマウスカーソルの位置を記憶させておき，マウスカーソルの軌跡にあわせて円が移動するプログラムを書いてみよう。

―――― プログラム 7-5（マウスカーソルの軌跡にあわせて円が移動 (1)） ――――

```
  1  int[] x = new int[10]; // マウスカーソルのx座標（10フレーム分）
  2  int[] y = new int[10]; // マウスカーソルのy座標（10フレーム分）
  3
  4  void setup(){
  5    size(800, 600);   // 800×600のウィンドウを作成
  6    background(200);  // 背景色を明るさ200の灰色に設定
  7  }
  8
  9  void draw(){
 10    background(200);  // 背景色を明るさ200の灰色に設定
 11    // 配列に保存されている座標を1つずつ後ろにずらす
 12    for(int i = x.length-1; i > 0; i--){ // iをx.length-1から1まで1ずつ減らす
 13      x[i] = x[i-1]; // i-1フレーム前のx座標を配列xのi番目の要素にコピー
 14      y[i] = y[i-1]; // i-1フレーム前のy座標を配列yのi番目の要素にコピー
 15    }
 16    x[0] = mouseX; // x[0]に現在のマウスカーソルのx座標を代入
 17    y[0] = mouseY; // y[0]に現在のマウスカーソルのy座標を代入
 18
```

56   7. 配　　　　列

```
19    for(int i = 0 ; i < x.length; i++){ // x.length(10)回繰り返す
20      fill(255);                        // 塗りつぶし色を白に設定
21      ellipse(x[i], y[i], 20, 20);      // (x[i], y[i])を中心とする直径20の円を描画
22    }
23  }
```

　関数 draw() の中に記述された処理を上から下まで行うのが 1 フレームであり，Processing の基本設定では，1 フレームは 1/60 秒で実行されるようになっている。このプログラムでは，過去 10 フレーム分のマウスカーソルの座標を保存しておき，それを利用して円を描画することで，マウスカーソルを動かすとその軌跡に合わせて円が移動するようにしている（図 **7.6**）。

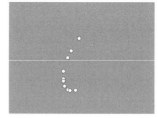

図 **7.6**　例題 7.5 の実行結果

　1，2 行目で要素数が 10 の配列変数 x と y を宣言している。例題 7.2～7.4 では，配列変数の宣言と同時に配列の初期化を行う方法を使っているが，ここでは宣言のみを行う形になっている。

　12～15 行目では，配列 x と y に保存されているマウスカーソルの座標を一つずつずらしている。配列 x では x[0] に現在のマウスカーソルの x 座標が，配列 y では y[0] に現在のマウスカーソルの y 座標が，保存されている（16，17 行目）。x[1] には 1 フレーム前，x[2] には 2 フレーム前というように x[1]～x[9] には 1～9 フレーム前のマウスカーソルの x 座標が格納されている。過去 10 フレーム分の座標を保存しておくためには，関数 draw() が呼び出されるたびに配列 x と y に保存されているマウスカーソルの座標を一つずつコピーしてずらす必要がある。コピーする際には，最初に x[9] に x[8] の値をコピーし，その次に x[8] に x[7] の値をコピーし…というように後ろから順にコピーしていく必要がある（図 **7.7**）。そのため，12 行

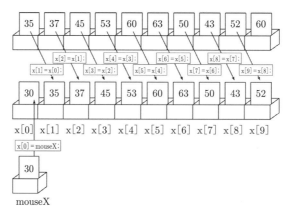

図 **7.7**　マウスカーソルの座標のコピー

目では，iの値をx.length − 1（= 9）から1ずつ減らしていき（i−−），iが0より大きい（i > 0）間，x[i−1]の値をx[i]に，y[i−1]の値をy[i]にコピーするということを繰り返している。

19〜22行目では，配列xとyに保存されているマウスカーソルの座標を利用して，円を描画している。

7.2　多次元（2次元）配列

7.1節で扱ってきた配列は値を格納しておくための箱を1列に並べたようなものであると考えることができ，1次元配列という。Processingでは，2次元以上の配列（多次元配列）も扱うことができる。

2次元配列を使用する場合には

```
型名 [][] 配列変数名;
配列変数名 = new 型名 [要素数][要素数];
```

または

```
型名 [][] 配列変数名 = new 型名 [要素数][要素数];
```

のように配列の宣言と配列要素の確保を行う。

2×4個のint型の値を扱うことのできるxという名前の2行4列の配列を使いたいときには

```
int[][] x;
x = new int[2][4];
```

または

```
int[][] x = new int[2][4];
```

のように記述する。2行4列の配列の場合には，大きな箱が二つ用意され，さらにその中にそれぞれ四つの小さな箱が入っているようなイメージとなる。

2次元配列でも，1次元配列と同様に，配列変数の宣言時に初期値のデータを指定することで

```
型名 [][] 配列変数名 = {{値11, 値12,...},{値21, 値22,...},...};
```

のように配列を生成することもできる。

例えば

```
int[][] x = {{31, 21, 45, 83},{20, 35, 37, 52}};
```

とすると，x[0][0]には31，x[1][2]には37のように各要素に値が代入される。

int[ ][ ] x = {{31, 21, 45, 83}, {20, 35, 37, 52}};　　1次元配列の場合には，配列変数名.length で

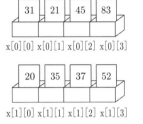

図 7.8 2次元配列の宣言と初期化

配列の要素数（長さ）を表すことができた．2次元配列の場合には，配列変数名.length は配列の行の数（2行4列の配列であれば2）を表すことになる．また，各行の要素数は，配列変数名[行の番号].length のように表すことができ，図 7.8 の例の場合には，どちらの行も要素の数は4であるため，x[0].length も x[1].length も値は4となる．

例題 7.6　2次元配列を使って，例題 7.5 と同様に 10 フレーム分のマウスカーソルの位置を記憶させておき，マウスカーソルの軌跡にあわせて円が移動するプログラムを書いてみよう．なお，10 フレーム分のマウスカーソルの座標は int 型の 10×2 の配列 xy に保存しておき，xy[i][0] が i フレーム前の x 座標，xy[i][1] が i フレーム前の y 座標をそれぞれ表すものとする．

プログラム 7-6（マウスカーソルの軌跡にあわせて円が移動 (2)）

```
1   int[][] xy = new int[10][2]; // マウスカーソルのx, y座標 (10フレーム分)
2
3   void setup(){
4     size(800, 600);   // 800×600のウィンドウを作成
5     background(200);  // 背景色を明るさ200の灰色に設定
6   }
7
8   void draw(){
9     background(200);  // 背景色を明るさ200の灰色に設定
10    // 配列に保存されている座標を1つずつ後ろにずらす
11    for(int i = xy.length-1; i > 0; i--){ // iをxy.length-1から1まで1ずつ減らす
12      for(int j = 0; j < xy[i].length; j++){ // xy[i].length(2)回繰り返す
13        xy[i][j] = xy[i-1][j];   // i-1フレーム前の座標を配列xyのi番目
14                                  // の要素にコピー
15      }
16    }
17    xy[0][0] = mouseX; // xy[0][0]に現在のマウスカーソルのx座標を代入
18    xy[0][1] = mouseY; // xy[0][1]に現在のマウスカーソルのy座標を代入
19
20    for(int i = 0 ; i < xy.length; i++){ // xy.length(10)回繰り返す
21      fill(255);                          // 塗りつぶし色を白に設定
22      ellipse(xy[i][0], xy[i][1], 20, 20); // (xy[i][0], xy[i][1])を
23                                           // 中心とする直径20の円を描画
24    }
25  }
```

このプログラムの基本的な流れは例題 7.6 とまったく同じである。

1 行目で要素数が 10×2 の 2 次元の int 型の配列 xy を宣言している。

11〜16 行目では，配列 xy に保存されているマウスカーソルの座標を一つずつずらしている。配列 xy では xy[0][0] に現在のマウスカーソルの x 座標が，xy[0][1] に現在のマウスカーソルの y 座標が，保存されている（17，18 行目）。xy[1][0] には 1 フレーム前，xy[2][0] には 2 フレーム前というように xy[1][0]〜xy[9][0] には 1〜9 フレーム前のマウスカーソルの x 座標が格納されている。また，xy[1][1]〜xy[9][1] には 1〜9 フレーム前のマウスカーソルの y 座標が格納されている。

20〜24 行目では，配列 xy に保存されているマウスカーソルの座標を利用して，円を描画している。

7.3 配列を利用したプログラムの例

ここでは，配列を利用したプログラムの例をさらに二つほど挙げておく。

例題 7.7 マウスをクリックした位置に正五角形を描画するプログラムを書いてみよう。

プログラム 7-7（マウスをクリックした位置に正五角形を描画）

```
1   int n = 5;              // 頂点の数
2   float[] x = new float[n]; // 頂点のx座標
3   float[] y = new float[n]; // 頂点のy座標
4
5   void setup(){
6     size(800, 600); // 800×600のウィンドウを作成
7     noStroke();     // 輪郭線を描画しないように設定
8   }
9
10  void draw(){ // 中に何も記述しないが必要
11  }
12
13  void mousePressed(){ // マウスが押されたときに呼び出される
14    drawPoly();        // 正多角形(正五角形)を描画する関数drawPoly()を呼び出す
15  }
16
17  void drawPoly(){
18    int r = 50; // 中心から頂点までの距離を50に設定
19    for(int i = 0; i < n; i++){ // n 回繰り返す
20      x[i] = mouseX + r * cos(radians(360/n*i+90)); // i番目の頂点のx座標を計算
21      y[i] = mouseY - r * sin(radians(360/n*i+90)); // i番目の頂点のy座標を計算
22    }
23    fill(255, 255, 0); // 塗りつぶしの色を黄色に設定
24
```

```
25      // 正n角形を描画
26      beginShape();
27      for(int i = 0; i < n ; i++){ // n 回繰り返す
28        vertex(x[i], y[i]); // i番目の頂点の座標を指定
29      }
30      endShape();
31    }
```

このプログラムでは，1 行目で頂点の数を表す変数 n を 5 に設定している．2, 3 行目では，頂点の x 座標と y 座標を表す float 型の配列の変数 x, y を宣言している．

マウスが押されたときに正五角形を描画するようにしたいので mousePressed() の中で正多角形（正五角形）を描画する自分で作成した関数 drawPoly() を呼び出している．

関数 drawPoly() には，正多角形（正五角形）を描画するための一連の処理が記述されている．18 行目では，正五角形の中心から各頂点までの距離 r を 50 に設定している．19～22 行目では，for 文を使って頂点の数分だけ繰り返し，各頂点の x 座標と y 座標を計算している．

図 **7.9**(a) のような正五角形に外接する円の半径を r, 中心を原点とすると，五つの頂点の座標は

$$(x_i, y_i) = \left(r\cos\left(\frac{2\pi}{5}i\right), r\sin\left(\frac{2\pi}{5}i\right) \right) \quad (ただし, i = 0, 1, \cdots, 4) \tag{7.1}$$

のように表すことができる．図 7.9(b) のように頂点の一つが真上にくるようにするには $\pi/2$ だけ回転する必要があり，このときの五つの頂点の座標は

$$(x_i, y_i) = \left(r\cos\left(\frac{2\pi}{5}i + \frac{\pi}{2}\right), r\sin\left(\frac{2\pi}{5}i + \frac{\pi}{2}\right) \right)$$
$$(ただし, i = 0, 1, \cdots, 4) \tag{7.2}$$

のように表すことができる．

20, 21 行目では，式 (7.2) を利用して頂点の座標を計算している．sin() や cos() は，関数 sin() や関数 cos() を使用することで計算できる．これらの関数の引数はラジアンであるため，関数 sin() と関数 cos() の中で radians() という度からラジアンに変換する関数を使用している．また，この式は原点を中心としたときの座標を求めるものであるため，20, 21 行目では，マウスの座標（mouseX, mouseY）を中心とした座標を求めている．なお，Processing では y 軸が下方向にとられているため，図 7.9 と見た目が一致するように y 座標に関しては式 (7.2) を用いて計算した値の符号を反転したものを用いている（21 行目）．

また，26～30 行目では，正五角形の描画を行っている．多角形の描画は

```
beginShape();
  vertex(x1, y1);
  vertex(x2, y2);
     ...
```

```
    vertex(xn, yn);
    endShape();
```

のように記述することで行うことができる．このようにすると，関数 vertex() で指定した座標 (x1, y1), (x2, y2), ···, (xn, yn) を順に結んだ多角形が描画される（図 **7.10**）．

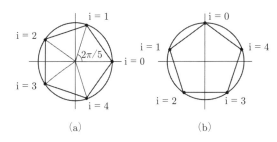
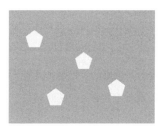

図 **7.9** 五角形 　　　　　　　　図 **7.10** 例題 7.7 の実行結果

例題 7.8 画像データのファイルを読み込んで繰り返し表示するパラパラ漫画のようなプログラムを書いてみよう．

───────── プログラム 7-8（パラパラ漫画のようなプログラム）─────────

```
1   int num = 16;                       // パラパラ漫画の絵の枚数
2   PImage[] images = new PImage[num];  // 画像データの配列の宣言
3
4   void setup(){
5     size(188, 188);  // 188×188のウィンドウを作成
6     frameRate(12);   // フレームレートを12に設定 (draw()を1秒間に12回呼び出す)
7     for(int i = 0; i < num; i++){ // 画像の枚数分 (16回) 繰り返す
8       // 画像データをファイル(run0.png, run1.png, ..., run15.png)から読み込む
9       images[i] = loadImage("run" + i + ".png");
10    }
11  }
12
13  void draw(){
14    int frame = frameCount % num; // 表示する画像を決定
15    image(images[frame], 30, 30); // 画像を表示
16  }
```

Processing では，JPEG，GIF，PNG，TGA などの形式の画像を扱うことができるようになっている．画像を扱うには，int や float などの基本的な型ではなく，PImage という特別な型（厳密には PImage というクラスの型）を使用することになる．

このプログラムでは，1 行目で読み込む画像の枚数（num）を 16 に設定し，2 行目で画像の枚数分の要素を持つ PImage 型の配列 images を宣言している．

6 行目では，フレームレート，つまり 1 秒間に何回 draw() を呼び出すかを関数 frameRate()

を使って設定している．この例では，フレームレートを 12 に設定しているが，この値を変えることで画像の表示が切り替わる速さを変えることができる．

7～10 行目では，for 文を利用して，画像の枚数 (num) 分だけ，画像データをファイルから読み込み PImage 型の配列 images に格納している．画像データの読み込みは関数 loadImage() で行うことができる．関数 loadImage() では，引数として画像のファイル名を指定する．このプログラムでは，作成しているプログラムが保存されているスケッチのフォルダの中に 16 枚の画像 (図 7.11) が保存されている data というフォルダが置かれているものとし (図 7.12)，ファイル名を指定している．ファイル名は " " で囲んで指定すればよいが，ここでは画像の番号に当たる部分を変数 i の値を利用して指定しているため，9 行目のような書き方になっている．

図 7.11　読み込む 16 枚の画像

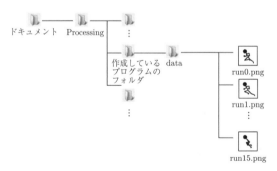

図 7.12　読み込む画像データの置き場

draw() の中では，表示する画像の番号を frameCount というシステム変数を利用して決定している（14 行目）．frameCount はプログラムが実行されてからのフレーム数が格納されている変数であり，draw() が呼び出されるたびに 1 ずつ値が増えていく．このプログラムでは，images[0], images[1], · · · , images[15] が順に表示され，images[15] まで到達したら次には images[0] が再び表示されるということを繰り返している．表示する画像の番号は 0～15 (= num − 1) であるので，frameCount を num で割った余り (frameCount % num) で表示する画像の番号を決定している．画像は 15 行目のように関数 image() を利用して表示

する。関数 image() では，引数として，PImage 型のイメージデータ，画像を表示する位置（画像の左上）の x 座標と y 座標を指定することができる。

読み込む画像データのファイルはコロナ社の Web ページからダウンロードすることができる（p.20 参照）。data.zip というファイルをプログラムを作成しているスケッチのフォルダにコピーし，そこに展開する。

章　末　問　題

【1】 例題 7.7 のプログラムを修正して，図 7.13 に示すようにマウスをクリックした位置に赤い正八角形を描画するプログラムを作成せよ。

【2】 例題 7.7 のプログラムを修正して，図 7.14 に示すようにマウスをクリックした位置に星を描画するプログラムを作成せよ。星は図 7.15 のように正五角形の頂点を頂点 0，頂点 2，頂点 4，頂点 1，頂点 3 の順に結ぶことで描画できる。

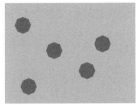

図 7.13　章末問題【1】の実行結果

図 7.14　章末問題【2】の実行結果

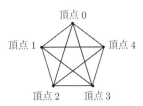

図 7.15　正五角形と星

【3】 図 7.16 に示すような 5×3 の計 15 匹のネコがマウスカーソルの位置に応じて上下，左右に

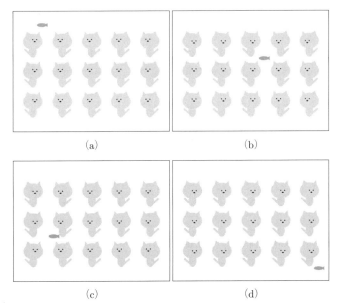

図 7.16　章末問題【3】の実行結果

向きを変えるようなプログラムを作成せよ．なお，マウスカーソルの位置には魚の形を表示する．

章末問題【3】は 7 章で学んだ配列だけでなく，6 章までで学んだ知識も必要とするまとめの問題である．以下の説明にしたがってプログラムを作成し，ここまでで学んだことが理解できているかを確認してみよう．

- ウィンドウのサイズは 800×600，背景は白とする．
- 左上のネコの位置は (100, 150) とし，隣りのネコとは縦，横ともに 150 ずつ離れているものとする．
- ネコよりもマウスカーソルが左上にある場合には左上を向いたネコ，ネコよりもマウスカーソルが右上にある場合には右上を向いたネコ，ネコよりもマウスカーソルが左下にある場合には左下を向いたネコ，ネコよりもマウスカーソルが右下にある場合には右下を向いたネコを表示する．
- ネコを描画する関数 drawCat() を作成する．引数として，ネコを描画する位置を表す int 型の変数 x, y とネコの向きを表す int 型の変数 mode を受け取る．
- マウスカーソルの位置には魚を描画する．マウスカーソルの位置に魚を表示する関数は drawFish() として作成する．

プログラムは以下の (1) 〜 (4) の手順にしたがって作成していく．

(1) 関数 setup() の作成

setup() 関数の中でウィンドウのサイズを 800×600 に設定する．

(2) 関数 draw() の作成

draw() 関数の中で背景を白に設定し，二重の for 文を利用して 5×3 匹のネコを描画する．また，ネコの位置とカーソルとの位置関係（ネコの向き）を表す int 型の変数 mode の値を設定する．ネコの描画は (3) で作成する関数 drawCat() を利用して行う．また，マウスカーソルの位置に (4) で作成する関数 drawFish() を利用して魚を表示する．

(a) 背景を白に設定する．

(b) 二重の for 文を利用して 5×3 回繰り返す．for 文の中で以下の処理を行う．

    (b-1) ネコの x 座標を表す int 型の変数 x を宣言し，左端のネコの x 座標が 100 で，隣りのネコとは 150 ずつ離れた位置に配置されるような値に設定する．

    (b-2) ネコの y 座標を表す int 型の変数 y を宣言し，一番上のネコの y 座標が 150 で，隣りのネコとは 150 ずつ離れた位置に配置されるような値に設定する．

    (b-3) ネコの位置とカーソルとの位置関係を表す int 型の変数 mode を宣言する．mode の値はマウスカーソルの座標（mouseX, mouseY）がネコの座標（x, y）の左上にあるときに 0，右上にあるときに 1，左下にあるときに 2，右下にあるときに 3 をとる．

    (b-4) (3) で作成する関数 drawCat() を利用して，(x, y) の位置に mode の向きに対応したネコを描画する．

(c) (4) で作成する関数 drawFish() を利用して，マウスカーソルの位置に魚を描画する．

以上 (1), (2) の説明から，プログラム 7-9 の空欄を埋めてみよう．

章末問題　65

───── プログラム 7-9 （章末問題【3】(1), (2)） ─────

```
1   void setup(){
2     □□□□□□□□□□; // 800×600のウィンドウを作成
3   }
4
5   void draw(){
6     background(255); // 背景を白に設定
7     for(□□□□□□□□){ // 5回繰り返す
8       for(□□□□□□□□){ // 3回繰り返す
9         int x = □□□□□□□□□□; // ネコのx座標を設定
10        int y = □□□□□□□□□□; // ネコのy座標を設定
11        int mode;              // ネコの向きを表すmodeを宣言
12        if(x > mouseX && y > mouseY){
13                                // マウスカーソルがネコよりも左上にあれば
14          mode = 0;    // modeを0に設定
15        }else if(□□□□□□□ && □□□□□□□){
16                                // マウスカーソルがネコよりも右上にあれば
17          □□□□□□□□;    // modeを1に設定
18        }else if(□□□□□□□ && □□□□□□□){
19                                // マウスカーソルがネコよりも左下にあれば
20          □□□□□□□□;    // modeを2に設定
21        }else{    // それ以外(マウスカーソルがネコよりも右下)ならば
22          □□□□□□□□;    // modeを3に設定
23        }
24        drawCat(x, y, mode); // (x, y)の位置にmodeの向きのネコを描画
25      }
26    }
27    drawFish(); // マウスカーソルの位置に魚を描画
28  }
```

(3) 関数 drawCat() の作成

(a) ネコを描画する座標を表す int 型の変数 x と y，ネコの向きを表す int 型の変数 mode を引数として持つ．戻り値はない．

(b) ネコのパーツの座標（(x, y) からの差分）や大きさを配列として表現する．
　・円や楕円で表現する体，顔，右目，左目，鼻の座標の (x, y) からの差分を表す int 型の 2 次元配列 diffX, diffY を宣言し，図 7.17 と図 7.18 のような値に設定する．diffX[0][0], ..., diffX[0][4] はネコが左を向いているときの x 座標の x からの差分の値であり，0,

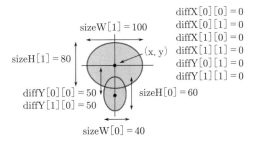

図 7.17　体と頭の座標とサイズ

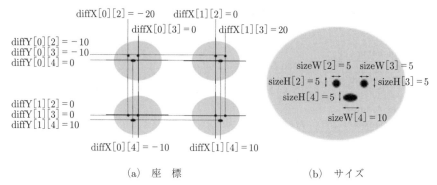

(a) 座標　　　　　　　　　　(b) サイズ

図 **7.18**　目と鼻の座標とサイズ

…, 4 はそれぞれ体, 顔, 右目, 左目, 鼻に対応している。diffX[1][0], …, diffX[1][4] はネコが右を向いているときの値である。diffY[0][0], …, diffY[0][4] はネコが上を向いているときの y 座標の y からの差分の値, diffY[1][0], …, diffY[1][4] はネコが下を向いているときの y 座標の y からの差分の値である。

- 円や楕円で表現する体, 顔, 右目, 左目, 鼻の幅と高さを表す int 型の 1 次元配列 sizeW, sizeH を宣言し, 図 7.17 と図 7.18 のような値に設定する。
- 左右の耳の頂点の座標（(x, y) からの差分）を表す int 型の 2 次元配列 earLX, earRX と int 型の 1 次元配列 earY を宣言し, 値を図 **7.19** のように設定する。earLX[0][0], …, earLX[0][2] や earRX[0][0], …, earRX[0][2] はネコが左を向いているときの x 座標の x からの差分の値, earLX[1][0], …, earLX[1][2] や earRX[1][0], …, earRX[1][2] はネコが右を向いているときの x 座標の x からの差分の値である。

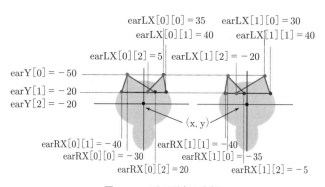

図 **7.19**　耳の頂点の座標

- しっぽの頂点の座標（(x, y) からの差分）を表す int 型の 2 次元配列 tailX と int 型の 1 次元配列 tailY を宣言し, 値を図 **7.20** のように設定する。tailX[0][0], tailX[0][1] はネコが左を向いているときの x 座標の x からの差分の値, tailX[1][0], tailX[1][1] はネコが右を向いているときの x 座標の x からの差分の値である。

(c) 輪郭線を描画しないように設定し，体，顔，右目，左目，鼻を描画する。塗りつぶし色は，体，顔は (239, 228, 176)，それ以外は黒に設定する。(x+diffX[mode%2][i], y+diffY[mode/2] [i]) の位置に sizeW[i]×sizeH[i] のサイズの円（楕円）を描画する。mode%2 が 0 のときには左向き，1 のときには右向き，mode/2 が 0 のときには上向き，1 のときには下向きのネコが描画される。

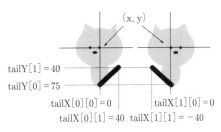

図 **7.20** しっぽの座標

(d) 塗りつぶし色を (239, 228, 176) に設定し，(x+earLX[mode%2][0], y+earY[0]), (x+earLX[mode%2][1], y+earY[1]), (x+earLX[mode%2][2], y+earY[2]) の 3 点を結ぶ三角形で左耳を描画する。同様に，(x+earRX[mode%2][0], y+earY[0]), (x+earRX[mode%2][1], y+earY[1]), (x+earRX[mode%2][2], y+earY[2]) の 3 点を結ぶ三角形で右耳を描画する。

(e) 線の色を (239, 228, 176) に，太さを 10 に設定し，(x+tailX[mode%2][0], y+tailY[0]) と (x+tailX[mode%2][1], y+tailY[1]) を結ぶ直線でしっぽを描画する。

以上 (3) の説明から，プログラム 7-10 の空欄を埋めてみよう。

――――――――― プログラム **7-10**（章末問題【3】(3)）―――――――――

```
1    // (x, y)の位置にmodeの状態の猫を表示する関数
2    void drawCat(int x, int y, int mode){
3      //                体 顔  右目  左目   鼻
4      int [][] diffX = {{0,  0, -20,   0, -10},   // 左
5                       {0,  0,   0,  20,  10}};  // 右
6      int [][] diffY = {{50, 0, -10, -10,   0},   // 上
7                       {50, 0,   0,   0,  10}};  // 下
8      int []   sizeW =  {40, 100, 5,   5,  10};   // 幅
9      int []   sizeH =  {            };           // 高さ
10     int [][] earLX = {{ 35,  40,  5},           // 左耳のx座標
11                      {             }};
12     int [][] earRX = {{-30, -40, 20},           // 右耳のx座標
13                      {             }};
14     int []   earY =  {-50, -20, -20};           // 耳のy座標
15     int [][] tailX = {{0, 40},{0, -40}};        // しっぽのx座標
16     int []   tailY = {            };            // しっぽのy座標
17
18     noStroke(); // 輪郭線を描画しないように設定
19     // 体，顔，右目，左目，鼻
20     for(            ){ // 5回繰り返す
21       if(i < 2){           // iが2未満(体と顔)ならば
22                  ;         // 塗りつぶし色を(239, 228, 176)に設定
23       }else{                // それ以外の場合は
24                  ;         // 塗りつぶし色を黒に設定
25       }
26                ;
27       // (x+diffX[mode%2][i], y+diffY[mode/2][i])の位置に
28       // sizeW[i]×sizeH[i]のサイズの円(楕円)を描画
29     }
30     // 耳
```

```
31          ▢ ; // 塗りつぶし色を(239, 228, 176)に設定
32      triangle(x+earLX[mode%2][0], y+earY[0],    // 左耳を描画
33               x+earLX[mode%2][1], y+earY[1],
34               x+earLX[mode%2][2], y+earY[2]);
35      triangle(▢ , ▢ ,    // 右耳を描画
36               ▢ , ▢ ,
37               ▢ , ▢ );
38      // しっぽ
39          ▢ ; // 線の色を(239, 228, 176)に設定
40      strokeWeight(10);     // 線の太さを10に設定
41      line(x+tailX[mode%2][0], y+tailY[0],     // しっぽを描画
42           x+tailX[mode%2][1], y+tailY[1]);
43  }
```

(4) 関数 drawFish() の作成

マウスカーソルの位置に魚を描画する関数 drawFish() を作成する（図 **7.21**）。

(a) 輪郭線を表示しないように設定する。また，塗りつぶし色を (150, 200, 250) に設定する。

(b) (mouseX, mouseY) の位置に 50×20 の楕円を描画する。

(c) (mouseX+10, mouseY), (mouseX+30, mouseY−10), (mouseX+30, mouseY+10) を頂点とする三角形を描画する。

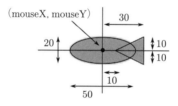

図 **7.21** 関数 drawFish()

以上(4)の説明から，プログラム 7-11 の空欄を埋めてみよう。

───── プログラム 7-11（章末問題【3】(4)）─────

```
1   // マウスカーソルの位置に魚を描画する関数drawFish()
2   void drawFish(){
3       ▢ ; // 輪郭線を表示しないように設定
4       ▢ ; // 塗りつぶし色を(150, 200, 250)に設定
5       ▢ ; // (mouseX, mouseY)の位置に50×20の楕円を描画
6       ▢ ; // (mouseX+10, mouseY), (mouseX+30, mouseY-10),
7                 // (mouseX+30, mouseY+10)を頂点とする三角形を描画
8   }
```

8 つくってみよう：時計

これまでの章では，基本的な文法を理解するための文法を学んできた．これ以降の章では，これまでに学んだことを応用し，穴埋め形式で様々なプログラムを作成していく．ここでは，時計のプログラムの作成を行う．

8.1 時刻情報の取得

時計のプログラムを作成するには，時刻の情報を取得する必要がある．はじめに，時刻の情報を取得し，画面に表示するプログラムを書いてみよう．

プログラム 8-1（時刻情報の取得）

```
1   void setup(){
2     size(300, 150);         // 300×150のウィンドウを作成
3     textSize(60);           // フォントサイズを60に設定
4     textAlign(CENTER, CENTER); // 文字の表示位置をCENTERに設定
5   }
6
7   void draw(){
8     int h = hour();    // 時
9     int m = minute();  // 分
10    int s = second();  // 秒
11
12    background(255);  // 背景を白に設定
13    fill(0);          // 文字の色を黒に設定
14    text(nf(h, 2) + ":" + nf(m, 2) + ":" + nf(s, 2), width/2, height/2);
15                      // 画面中央に時刻を表示
16  }
```

このプログラムでは，8〜10行目で関数hour()，関数minute()，関数second()を使用して，現在の時刻の時，分，秒の値を取得している．取得した時刻の情報を14行目で関数text()を利用して画面に表示している．ここでは，時，分，秒それぞれを2桁にそろえて表示する（例えば3を03のように表示する）ために，関数nf()を使用している．関数nf()では，nf(v, d)のように記述することで値vをd桁で表示することができる．また，時と分，分と秒の間に":"を表示するようにしているが，これらを並べて表示するた

14:26:01

図 8.1 プログラム 8-1 の実行結果

めに＋（結合）で結合している。＋（結合）は，文字列と数字などの異なった種類のものを並べて表示する際に用いる（図 8.1）。

8.2 アナログ時計

ここでは，アナログ時計のプログラムを作成する。

8.2.1 ウィンドウの作成と時計の外側の円の描画

はじめに，ウィンドウの作成と時計の外側の円の描画を行う。以下の説明に合うように空欄を埋めてプログラム 8-2 を作成しよう。

【setup() の中で】

1. 400×400 のウィンドウを作成する。

【draw() の中で】

2. 画面の中央を原点に設定する。Processing では，左上が原点 (0, 0) となっているが，関数 translate() を使用すると，原点の位置を自由に設定することができる（図 8.2）。アナログ時計を描画する際には，画面の中央が原点になっている方が座標の指定などを行いやすいため，画面の中央（width/2, height/2）を原点に設定しておく。関数 translate() では，translate(x, y) のように記述することで，原点を (x, y) に設定することができる。

3. 時計の外側の円を描画する。線の太さを 6 とし，原点を中心とする直径 300 の円を描画する。

―――――― プログラム 8-2（ウィンドウの作成と時計の外側の円の描画）――――――
```
1   void setup(){
2     // 処理 1 (ウィンドウの作成)
3     [          ]; // 400×400のウィンドウを作成
4   }
5
6   void draw(){
7     // 処理 2 (原点の設定)
8     translate(width/2, height/2); // 原点を画面中央に設定
9     // 処理 3 (時計の外側の円の描画)
10    [          ]; // 線の太さを6に設定
11    [          ]; // 原点を中心とする直径300の円を描画
12  }
```

図 8.3 に実行結果を示す。

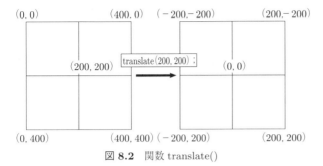
図 8.2 関数 translate()

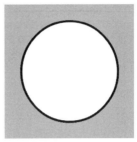
図 8.3 プログラム 8-2 の実行結果

8.2.2 目盛の描画

目盛の描画を行う部分を追加する。以下の説明に合うように空欄を埋めてプログラム 8-3 を作成しよう。なお，以下のプログラムにおいて，「...」で示した部分はすでに作成した部分を表すものとする。

【draw() の中で】

1. 1 分ごとの目盛を描画する。中心座標から 145 の距離にある点と 150 の距離にある点を結んだ太さ 2 の直線を $2\pi/60$ ごとに描画する。角度 $(2\pi/60)i$ 方向の中心座標から 145 の距離にある点の座標は

$$\left(145\cos\left(\frac{2\pi}{60}i\right), 145\sin\left(\frac{2\pi}{60}i\right)\right) \qquad (i = 0, 1, \cdots, 59)$$

角度 $(2\pi/60)i$ 方向の中心座標から 150 の距離にある点の座標は

$$\left(150\cos\left(\frac{2\pi}{60}i\right), 150\sin\left(\frac{2\pi}{60}i\right)\right) \qquad (i = 0, 1, \cdots, 59)$$

のように表すことができる。cos や sin は関数 cos()，関数 sin() を利用して求めることができる。また，2π は TWO_PI という定数を利用して表わすことができる。例えば，cos($2\pi/60$) は cos(TWO_PI/60) のように表される。

2. 5 分ごとの目盛を描画する。中心座標から 140 の距離にある点と 150 の距離にある点を結んだ太さ 3 の直線を $2\pi/12$ ごとに描画する。

---- プログラム 8-3（目盛の描画）----

```
1   void setup(){
2     ...
3   }
4
5   void draw(){
6     ...
7
8     // 処理 1 (1分ごとの目盛)
9     [          ];        // 線の太さを2に設定
```

8. つくってみよう：時計

```
10      for(            ){ // iを0から59まで1ずつ変えて60回繰り返す
11          line(cos(TWO_PI/60*i)*145, sin(TWO_PI/60*i)*145,
12               cos(TWO_PI/60*i)*150, sin(TWO_PI/60*i)*150);
13               // 中心座標から145の距離にある点と150の距離にある点を結ぶ直線を描画
14      }
15      // 処理 2（5分ごとの目盛）
16             ;            // 線の太さを3に設定
17      for(            ){ // iを0から11まで1ずつ変えて12回繰り返す
18                   ;     // 中心座標から140の距離にある点と
19                         // 150の距離にある点を結ぶ直線を描画
20      }
21  }
```

図 **8.4** に実行結果を示す。

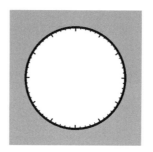

図 **8.4** プログラム 8-3 の実行結果

8.2.3 秒針の描画

秒針の描画を行う部分を追加する。以下の説明に合うように空欄を埋めてプログラム 8-4 を作成しよう。

【draw() の中で】

1. 秒針の角度を計算する。秒針は 60 秒で 1 周するため，1 秒間には $2\pi/60$ だけ移動する。
2. 秒針を描画する。中心座標と中心座標から 145 の距離にある点を結んだ太さ 1 の直線を 1. で求めた角度 $-\pi/2$ の方向に描画する（0 秒のときに上にくるようにする）。π は PI という定数を利用して表わすことができる。

───── プログラム **8-4**（秒針の描画）─────

```
1   void setup(){
2       ...
3   }
4
5   void draw(){
6       ...
7
```

```
 8      // 処理1(秒針の角度の計算)
 9      float s = TWO_PI/60*second();
10      // 処理2(秒針の描画)
11      ▭▭▭▭▭▭▭; // 線の太さを1に設定
12      line(0, 0, cos(s-PI/2)*145, sin(s-PI/2)*145);
13          // 中心座標と中心座標から145の距離にある点を結んだ直線を
14          // 1.で求めた角度−π/2の方向に描画
15    }
```

図 8.5 に実行結果を示す。

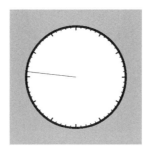

図 8.5 プログラム 8-4 の実行結果

8.2.4 分針の描画

分針の描画を行う部分を追加する。以下の説明に合うように空欄を埋めてプログラム 8-5 を作成しよう。

【draw() の中で】

1. 分針の角度を計算する。分針は 60 分で 1 周するため，1 分間には $2\pi/60$ だけ移動する。また，1 秒間には，秒針の角度の $1/60$ だけ移動する。

2. 分針を描画する。中心座標と中心座標から 130 の距離にある点を結んだ太さ 3 の直線を 1. で求めた角度 $-\pi/2$ の方向に描画する（0 分のときに上にくるようにする）。

―――― プログラム 8-5（分針の描画）――――

```
 1    void setup(){
 2      ...
 3    }
 4
 5    void draw(){
 6      ...
 7
 8      // 処理1(分針の角度の計算)
 9      float m = TWO_PI/60*minute() + s/60;
10      // 処理2(分針の描画)
11      ▭▭▭▭▭▭▭; // 線の太さを3に設定
```

74   8. つくってみよう：時計

```
12      □□□□□□□ ; // 中心座標と中心座標から130の距離にある点を結んだ直線を
13              // 1.で求めた角度−π/2の方向に描画
14   }
```

図 8.6 に実行結果を示す。

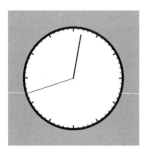

図 8.6 プログラム 8-5 の実行結果

8.2.5 時針の描画

時針の描画を行う部分を追加する。以下の説明に合うように空欄を埋めてプログラム 8-6 を作成しよう。

【draw() の中で】

1. 時針の角度を計算する。時針は12時間で1周するため，1時間では $2\pi/12$ だけ移動する。また，1分間には，分針の角度の $1/12$ だけ移動する。
2. 時針を描画する。中心座標と中心座標から 110 の距離にある点を結んだ太さ 5 の直線を 1. で求めた角度 $-\pi/2$ の方向に描画する（0時のときに上にくるようにする）。

─────── プログラム 8-6（時針の描画）───────

```
1    void setup(){
2      ...
3    }
4
5    void draw(){
6      ...
7
8      // 処理 1 (時針の角度の計算)
9      float h = TWO_PI/12*(hour()%12) + m/12;
10     // 処理 2 (時針の描画)
11     □□□□□□□ ; // 線の太さを5に設定
12     □□□□□□□ ; // 中心座標と中心座標から110の距離にある点を結んだ直線を
13              // 1.で求めた角度-π/2の方向に描画
14   }
```

図 8.7 に実行結果を示す。

図 8.7 プログラム 8-6 の実行結果

以上の手順にしたがって空欄をすべて埋めるとアナログ時計のプログラムが完成しているはずである。正しく動作しているか，確認せよ。

8.3 ディジタル時計

ここでは，図 8.8 のようなディジタル時計のプログラムを作成する。

図 8.8 ディジタル時計

8.3.1 六角形を描画する関数 drawHex() の作成

引数として中心の x 座標 (x)，中心の y 座標 (y)，向き (d) を指定できる六角形を描画する関数 drawHex() を作成する。向きとして 0 が指定された場合には横長の六角形（図 8.9(a)），1 が指定された場合には縦長の六角形（図 8.9(b)）が描画できるようにする。

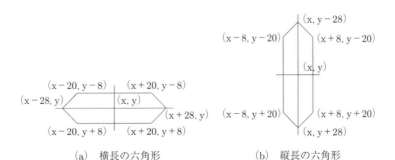

(a) 横長の六角形 　　　(b) 縦長の六角形

図 8.9 六角形

8. つくってみよう：時計

以下の説明に合うように空欄を埋めてプログラム 8-7 を作成しよう。

1. 向きとして 0 が指定された場合には，横長の六角形を描画する。頂点の座標は，図 8.9(a) のように設定する。
2. 向きとして 1 が指定された場合には，縦長の六角形を描画する。頂点の座標は，図 8.9(b) のように設定する。

────── プログラム 8-7（六角形を描画する関数 drawHex()）──────

```
 1  void setup(){
 2    size(800, 300); // 800×300のウィンドウを作成
 3    noStroke();     // 輪郭線を描画しないように設定
 4  }
 5
 6  void draw(){
 7    background(255); // 背景を白に設定
 8    fill(0);         // 塗りつぶし色を黒に設定
 9    drawHex(200, 150, 0); // (200, 150)の位置に横長の六角形を描画
10    drawHex(400, 150, 1); // (400, 150)の位置に縦長の六角形を描画
11  }
12
13  // 六角形を描画する関数drawHex()
14  //  引数 x : 中心のx座標   y : 中心のy座標   d : 向き
15  void drawHex(int x, int y, int d){
16    if(d == 0){ // 処理 1 (dが0のときは横長の六角形)
17      beginShape();
18      vertex(          );
19      vertex(          );
20      vertex(          );
21      vertex(          );
22      vertex(          );
23      vertex(          );
24      endShape();
25    }else if(d == 1){ // 処理 2 (dが1のときは縦長の六角形)
26      beginShape();
27      vertex(          );
28      vertex(          );
29      vertex(          );
30      vertex(          );
31      vertex(          );
32      vertex(          );
33      endShape();
34    }
35  }
```

図 8.10 に実行結果を示す。

8.3 ディジタル時計

図 8.10 プログラム 8-7 の実行結果

8.3.2 七つの六角形で数字を描画する関数 sevenSegment() の作成（1）

引数として中心の x 座標（x），中心の y 座標（y）を指定できる七つの六角形で数字を描画する関数 sevenSegment() を作成する。

以下の説明に合うように空欄を埋めてプログラム 8-8 を作成しよう。なお，プログラムは原則としてプログラム 8-6 に追加する形で作成するが，draw() の中は書き直すものとする。

- 六角形を描画する関数 drawHex() を利用し，七つの六角形で数字を描画する。頂点の座標は，図 8.11 のように設定する。

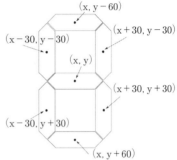

図 8.11 関数 sevenSegment()

---- プログラム 8-8（七つの六角形で数字を描画する関数 sevenSegment()）----

```
1   void setup(){
2     ...
3   }
4
5   void draw(){
6     background(255); // 背景を白に設定
7     fill(0);         // 塗りつぶし色を黒に設定
8     sevenSegment(200,150); // (200, 150)の位置に8を描画
9   }
10
11  // 七つの六角形で数字を描画する関数sevenSegment()
12  //  引数 x : 中心のx座標  y : 中心のy座標
13  void sevenSegment(int x, int y){
14    drawHex(               );
15    drawHex(               );
16    drawHex(               );
17    drawHex(               );
18    drawHex(               );
19    drawHex(               );
20    drawHex(               );
21  }
22
23  // 六角形を描画する関数drawHex()
24  void drawHex(int x, int y, int d){
25    ...
26  }
```

図 8.12 に実行結果を示す。

図 8.12　プログラム 8-8 の実行結果

8.3.3　七つの六角形で数字を描画する関数 sevenSegment() の作成 (2)

七つの六角形で数字を描画する関数 sevenSegment() を修正して，引数として中心の x 座標 (x)，中心の y 座標 (y) に加え，描画する数字 (n) を指定できるようにする。

以下の説明に合うように空欄を埋めてプログラム 8-9 を作成しよう。なお，プログラムは原則としてプログラム 8-8 に追加する形で作成するが，draw() の中は書き直すものとする。また，関数 sevenSegment() にも必要な記述を追加するものとする。

- 関数 sevenSegment() 内に引数として指定された数字 (n) に応じてそれぞれの六角形を描画する条件を追加する。どの数字のときにどの六角形を描画するかは図 8.13 を参考にして考える。

---- プログラム 8-9（七つの六角形で数字を描画する関数 sevenSegment() の修正）----

```
1   void setup(){
2     ...
3   }
4
5   void draw(){
6     background(255);  // 背景を白に設定
7     fill(0);          // 塗りつぶし色を黒に設定
8     for(int i = 0; i <= 9; i++){
9       sevenSegment(40+80*i, 150, i);  // 0〜9の数字を描画
10    }
11  }
12
13  // 七つの六角形で数字を描画する関数sevenSegment()
14  //   引数 x：中心のx座標　y：中心のy座標　n：描画する数字
15  void sevenSegment(int x, int y, int n){
16    if(            ){
17      drawHex(...);
18    }
19    if(            ){
20      drawHex(...);
21    }
22    if(            ){
23      drawHex(...);
24    }
25    if(            ){
```

```
26        drawHex(...);
27      }
28      if(□){
29        drawHex(...);
30      }
31      if(□){
32        drawHex(...);
33      }
34      if(□){
35        drawHex(...);
36      }
37    }
38
39    // 六角形を描画する関数drawHex()
40    void drawHex(int x, int y, int d){
41      ...
42    }
```

図 8.13 に実行結果を示す。

図 8.13 プログラム 8-9 の実行結果

8.3.4 時刻の描画

draw() の中を書き換えて，時刻を表示できるプログラムを書いてみよう。

――― プログラム 8-10（時刻の表示）―――

```
1   void setup(){
2     ...
3   }
4
5   void draw(){
6     background(255); // 背景を白に設定
7     fill(0);         // 塗りつぶし色を黒に設定
8
9     int h = hour();   // 時
10    int m = minute(); // 分
11    int s = second(); // 秒
12
13    sevenSegment(80, height/2, h/10);   // 時の10の位の表示
14    sevenSegment(180, height/2, h%10);  // 時の1の位の表示
15    ellipse(265, height/2+20, 15, 15);  // 円の描画
16    ellipse(265, height/2-20, 15, 15);  // 円の描画
17    sevenSegment(350, height/2, m/10);  // 分の10の位の表示
```

```
18      sevenSegment(450, height/2, m%10);  // 分の1の位の表示
19      ellipse(535, height/2+20, 15, 15);  // 円の描画
20      ellipse(535, height/2-20, 15, 15);  // 円の描画
21      sevenSegment(620, height/2, s/10);  // 秒の10の位の表示
22      sevenSegment(720, height/2, s%10);  // 秒の1の位の表示
23    }
24
25    // 七つの六角形で数字を描画する関数sevenSegment()
26    void sevenSegment(int x, int y, int n){
27      ...
28    }
29
30    // 六角形を描画する関数drawHex()
31    void drawHex(int x, int y, int d){
32      ...
33    }
```

以上の手順にしたがって空欄をすべて埋めるとディジタル時計のプログラムが完成しているはずである。正しく動作しているか，確認せよ。

9 つくってみよう：ストップウォッチ

ここでは，ストップウォッチのプログラムの作成を行う。まずはじめに，ボタンを押すと計測を開始し，もう一度ボタンを押すと計測を終了するような最低限の機能をもったプログラムを作成する。続いて，一時停止の機能を追加し，最終的にはラップタイムの取得もできるようなものにする。

9.1 実行開始からの経過時間の取得

はじめに，実行開始からの経過時間を取得し，画面に表示してみる。以下の説明に合うように空欄を埋めてプログラム 9-1 を作成しよう。

【setup() の中で】
1. 400×400 のウィンドウを作成する。
2. 文字の表示位置を CENTER に設定する。

【draw() の中で】
3. 背景を白に設定する。
4. 関数 millis() を利用して実行開始からの経過時間をミリ秒単位で取得する。取得した値を変数 now に保存しておき，それを利用して「分:秒.ミリ秒」の形で表示できるようにミリ秒（ms），秒（s），分（m）の値を取得する。ミリ秒（ms）は now を 1000 で割った余り，秒（s）は now を 1000 で割った商を 60 で割った余り，分（m）は now を 1000 で割った商を 60 で割った商で求めることができる。
5. 文字のサイズを 60，色を黒に設定し，「分:秒.ミリ秒」の形で実行開始からの経過時間を表示する。

---── プログラム 9-1（実行開始からの経過時間の取得）──

```
1   void setup(){
2     // 処理 1（ウィンドウの作成）
3     □□□□□□□□□ ;             // 400×400のウィンドウを作成
4     // 処理 2（文字の表示位置の設定）
5     textAlign(CENTER, CENTER); // 文字の表示位置をCENTERに設定
6   }
7
8   void draw(){
9     // 処理 3（背景色の設定）
```

82　　9. つくってみよう：ストップウォッチ

```
10        ▭ ;                    // 背景を白に設定
11   // 処理 4（経過時間の取得）
12   int now = millis();         // 実行開始からの経過時間をミリ秒単位で取得
13   int ms = ▭ ;                // ミリ秒
14   int s = ▭ ;                 // 秒
15   int m = ▭ ;                 // 分
16   // 処理 5（経過時間の表示）
17   ▭ ;                         // 文字のサイズを60に設定
18   ▭ ;                         // 文字の色を黒に設定
19   text(nf(m, 2) + ":" + nf(s, 2) + "." + nf(ms, 3), width/2, height/2-100);
20                               // 分:秒.ミリ秒 の形で表示
21 }
```

プログラムの処理の流れを図 9.1 に，実行結果を図 9.2 に示す。

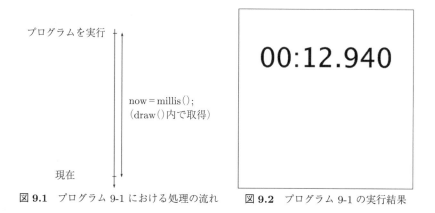

図 9.1　プログラム 9-1 における処理の流れ　　図 9.2　プログラム 9-1 の実行結果

　ボタンの設置（スタートとストップ）ボタンが押されてからの時間を計測し，次にボタンが押されたら計測をストップするようにする。以下の説明に合うように空欄を埋めてプログラム 9-2 を作成しよう。なお，以下のプログラムにおいて，「...」で示した部分はすでに作成した部分を表すものとする。

【グローバル変数として】
1. 基準となる時間を保持しておくための int 型の変数 baseTime と時間を計測中かどうかを表す boolean 型のフラグ flag を宣言する。flag は計測中は true，それ以外は false にする。

【setup() の中で】
2. flag を false にする。

【draw() の中で】
3. flag が false なら，基準となる時間（baseTime）を現在の時間（now）にし，関数 noLoop() を使用して繰り返しを止める。

9.1 実行開始からの経過時間の取得

4. 基準となる時間（baseTime）からの経過時間（time）を計算する。timeの値を利用して「分:秒.ミリ秒」の形で表示できるようにミリ秒（ms），秒（s），分（m）の値を取得する。ミリ秒（ms）はtimeを1000で割った余り，秒（s）はtimeを1000で割った商を60で割った余り，分（m）はtimeを1000で割った商を60で割った商で求めることができる。

   ※ プログラム9-1のものから書き直す

5. ボタンを表示する関数button()を呼び出す。

【mousePressed()の中で】

6. 関数millis()を利用して実行開始からの経過時間をミリ秒単位で取得し，変数nowに保存する。

7. マウスカーソルがボタンの範囲内にあったらflagの値に応じて処理を行う。ボタンの範囲内にあるかどうかは「mouseXが40以上」かつ「mouseXが190以下」かつ「mouseYが150以上」かつ「mouseYが200以下」であるかで判断する。flagがfalseなら，flagをtrueにし，基準となる時間（baseTime）を現在の時間（now）にし，loop()を呼んで繰り返しを再開する。flagがtrueなら，flagをfalseにし，ボタンを表示する関数button()を呼び出し，noLoop()を呼んで繰り返しを止める。

【button()の中で】

8. 左上が(40, 150)の位置に150×50の黒い矩形を描画する。(115, 170)の位置に，flagがfalseならstart，trueならstopと白で表示する。なお，文字のサイズは30とする。

───── プログラム9-2（ボタンの設置（スタートとストップ）(1)） ─────

```
1   // 処理 1 (グローバル変数の宣言)
2   int baseTime; // 基準となる時間を保持しておくための変数
3   boolean flag; // 時間を計測中かどうかを表すフラグ
4
5   void setup(){
6     ...
7     // 処理 2 (flagの設定)
8     [          ]; // flagをfalseにする
9   }
10
11  void draw(){
12    ...               // 背景を白に設定
13    int now = millis(); // 実行開始からの経過時間をミリ秒単位で取得
14    // 処理 3 (flagがfalseのときの処理)
15    if([          ]){ // flagがfalseなら
16      [          ];   // 基準となる時間(baseTime)を現在の時間(now)にする
17      noLoop();       // 繰り返しを止める
18    }
19    // 処理 4 (プログラム9-1から修正)
20    int time = now - baseTime; // 基準となる時間(baseTime)からの経過時間を計算
```

```
21    int ms = [        ]; // ミリ秒
22    int s = [        ];  // 秒
23    int m = [        ];  // 分
24    ... // 文字のサイズを60に設定
25    ... // 文字の色を黒に設定
26    ... // 分:秒.ミリ秒 の形で表示
27    // 処理 5 (関数button()の呼び出し)
28    [        ]; // ボタンを表示する関数button()を呼び出す
29  }
30
31  void mousePressed(){
32    // 処理 6 (経過時間の取得)
33    int now = millis();  // 実行開始からの経過時間をミリ秒単位で取得
34    // 処理 7 (ボタンが押されたときの処理)
35    if([        ]){  // マウスカーソルがボタンの範囲内にあったら
36      if([        ]){ // flagがfalseなら
37        [        ];  // flagをtrueにする
38        [        ];  // 基準となる時間(baseTime)を現在の時間(now)にする
39        loop();      // 繰り返しを再開する
40      }else{         // flagがtrueなら
41        [        ];  // flagをfalseにする
42        [        ];  // ボタンを表示する関数button()を呼び出す
43        noLoop();    // 繰り返しを止める
44      }
45    }
46  }
47
48  // ボタンを表示する関数
49  void button(){
50    // 処理 8 (start/stopボタンの表示)
51    [        ];       // 塗りつぶし色を黒に設定
52    [        ];       // 左上が(40, 150)の位置に150×50の矩形を描画
53    [        ];       // 文字のサイズを30に設定
54    [        ];       // 塗りつぶし色を白に設定
55    if([        ]){ // flagがfalseなら
56      [        ];     // (115, 170)の位置にstartと表示
57    }else{            // flagがtrueなら
58      [        ];     // (115, 170)の位置にstopと表示
59    }
60  }
```

プログラムの処理の流れを図 **9.3** に，実行結果を図 **9.4** に示す。

ここまでで，ボタンを押すと計測を開始し，もう一度ボタンを押すと計測を終了するようなストップウォッチのプログラムが完成しているはずである。正しく動作しているか，確認せよ。

9.1 実行開始からの経過時間の取得

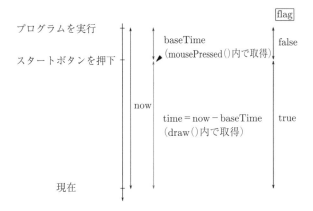

(a) スタートボタンが押されたとき

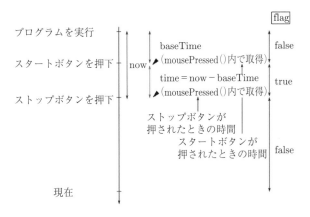

(b) ストップボタンが押されたとき

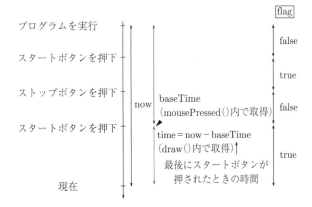

(c) 再びスタートボタンが押されたとき

図 9.3　プログラム 9-2 における処理の流れ

86   9. つくってみよう：ストップウォッチ

(a) ボタンを押す前　　(b) ボタンを押した後　　(c) ボタンを押した後
　　　　　　　　　　　　　　　　　　　　　　　　　（2回目）

図 9.4　プログラム 9-2 の実行結果

9.2　一時停止が可能なストップウォッチ

9.2.1　ストップボタンでの一時停止

プログラム 9-2 で作成したプログラムでは，ストップボタンを押すと停止し，再びスタートボタンを押すと 0 から計測されなおすように動作する．ここでは，ストップボタンを押したときの情報を保持しておき，スタートボタンが押されたら計測を再開できるようにプログラムを修正する．以下の説明に合うように空欄を埋めてプログラム 9-3 を作成しよう．

【グローバル変数として】
1. それまでの計測時間の合計を保持しておくための変数（totalTime）を宣言する．

【draw() の中で】
2. それまでの計測時間の合計（totalTime）と基準となる時間（baseTime）から経過時間（time）を計算する．
   ※ プログラム 9-2 のものから書き直す

【mousePressed() の中で】
3. マウスカーソルがボタンの範囲内にあり，flag が true のときに（つまり，ストップボタンが押されたら），現在の時間（now）から基準となる時間（baseTime）を引いたものを計測時間の合計（totalTime）に加え，保存しておく．

9.2 一時停止が可能なストップウォッチ

――― プログラム 9-3（ボタンの設置（スタートとストップ）(2)）―――

```
1   int baseTime;  // 基準となる時間を保持しておくための変数
2   // 処理 1 (totalTimeの宣言)
3   int totalTime; // それまでの計測時間の合計を保持しておくための変数
4   boolean flag;  // 時間を計測中かどうかを表すフラグ
5
6   void setup(){
7     ...
8   }
9
10  void draw(){
11    ...
12    if(...){
13      ...
14      noLoop(); // 繰り返しを止める
15    }
16    // 処理 2 (プログラム9-2から修正)
17    int time = totalTime + now - baseTime;
18                // それまでの計測時間の合計(totalTime)と
19                // 基準となる時間(baseTime)から経過時間を計算
20    ...
21  }
22
23  void mousePressed(){
24    ...
25    if(...){ // マウスカーソルがボタンの範囲内にあったら
26      if(...){ // flagがfalseなら
27        ...
28      }else{   // flagがtrueなら
29        ...    // flagをfalseにする
30        // 処理 3 (totalTimeの計算)
31        [           ]; // 現在の時間(now)から基準となる時間(baseTime)
32                       // を引いたものを計測時間の合計(totalTime)に加える
33        ...
34      }
35    }
36  }
37
38  void button(){
39    ...
40  }
```

プログラムの処理の流れを図 **9.5** に示す。

88   9. つくってみよう：ストップウォッチ

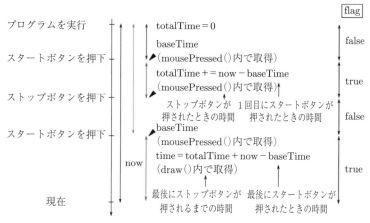

図 9.5　プログラム 9-3 における処理の流れ

9.2.2　リセットボタンの追加

リセットボタンを追加し，リセットボタンが押されたら 0 から計測しなおすことができるようにする．以下の説明に合うように空欄を埋めてプログラム 9-4 を作成しよう．

【mousePressed() の中で】

1. マウスカーソルがリセットボタンの範囲内にあったら flag の値に応じて処理を行う．ボタンの範囲内にあるかどうかは「mouseX が 220 以上」かつ「mouseX が 370 以下」かつ「mouseY が 150 以上」かつ「mouseY が 200 以下」であるかで判断する．flag が false なら，計測時間の合計 (totalTime) を 0 にし，繰り返しを再開する (loop())．

【button() の中で】

2. 左上が (220, 150) の位置に 150×50 の黒い矩形を描画する．
3. flag が false なら (295, 170) の位置に reset と白で表示する．

```
──────── プログラム 9-4（リセットボタンの追加）────────
1   ...
2
3   void setup(){
4     ...
5   }
6
7   void draw(){
8     ...
9   }
10
11  void mousePressed(){
12    ...
13    if(...){ // カーソルがstart/stopボタンの範囲内にあったら
14      ...
15    }
```

```
16      // 処理 1 (リセットボタンの処理)
17    else if(□□□□□□□□){ // カーソルがリセットボタンの範囲内にあったら
18      if(□□□□□□□){ // flagがfalseなら
19        □□□□□□□□□;   // 計測時間の合計(totalTime)を0にする
20        loop();           // 繰り返しを再開する
21      }
22    }
23  }
24
25  void button(){
26    ...
27    ... // 左上が(40, 150)の位置に150×50の矩形を描画
28    // 処理 2 (リセットボタンの表示)
29    □□□□□□□□□; // 左上が(220, 150)の位置に150×50の矩形を描画
30    ...
31    if(flag == false){
32      ... // (115, 170)の位置にstartと表示
33      // 処理 3 (resetと表示)
34      □□□□□□□□□;   // (295, 170)の位置にresetと表示
35    }else{
36      ...
37    }
38  }
```

プログラムの処理の流れを図 9.6 に，実行結果を図 9.7 に示す．

ここまでで，一時停止とリセットが可能なストップウォッチのプログラムが完成しているはずである．正しく動作しているか，確認せよ．

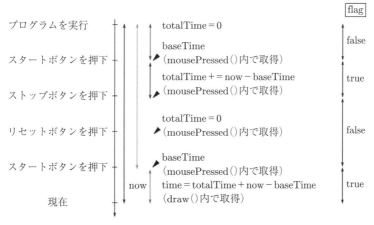

図 9.6 プログラム 9-4 における処理の流れ

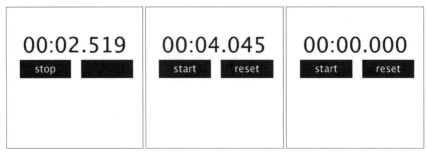

(a) ボタンを押した後　　(b) ボタンを押した後　　(c) リセットボタンを
　　　　　　　　　　　　　　（2回目）　　　　　　　押した後

図 9.7　プログラム 9-4 の実行結果

9.3　ラップタイムの取得が可能なストップウォッチ

ラップタイムの取得機能を追加する．なお，ラップタイムは最新の五つを画面上に表示するものとする．以下の説明に合うように空欄を埋めてプログラム 9-5 を作成しよう．

【グローバル変数として】

1. ラップタイムの基準となる時間（lapBaseTime），ラップタイムの合計時間（totalLap），ラップタイムの ID（lapID）を表す int 型の変数を宣言する．また，五回分のラップタイムを保持するための要素数 5 の int 型の配列 lapTimes を宣言する．

【draw() の中で】

2. flag が false のときに，ラップタイムの基準となる時間（lapBaseTime）を現在の時間（now）にし，繰り返しを止める（noLoop()）．

3. ラップタイムの合計（totalLap）とラップタイムの基準となる時間（lapBaseTime）を利用してラップタイム（ltime）を計算する．ltime の値を利用して「分:秒.ミリ秒」の形で表示できるようにミリ秒（lms），秒（ls），分（lm）の値を取得する．ミリ秒（lms）は ltime を 1000 で割った余り，秒（ls）は ltime を 1000 で割った商を 60 で割った余り，分（lm）は ltime を 1000 で割った商を 60 で割った商で求めることができる．現在のラップタイムを「分:秒.ミリ秒」の形で表示する．なお，文字のサイズは 30 とする．

4. ラップタイムを表示する関数 showLap() を呼び出す．

【mousePressed() の中で】

5. ラップタイムの基準となる時間（lapBaseTime）を現在の時間（now）にする．

6. 現在の時間（now）から基準となる時間（lapBaseTime）を引いたものをラップタイ

9.3 ラップタイムの取得が可能なストップウォッチ　　91

ムの合計（totalLap）に加える。

7. ラップタイムの合計（totalLap）とラップタイムの番号（lapID）を0にする。

8. 1～4回前のラップタイムをコピーする。iを4から1まで1ずつ減らしながら，i−1回前のラップタイム（lapTimes[i−1]）をlapTimes[i]にコピーする。それまでのラップタイムの合計（totalLap）とラップの基準となる時間（lapBaseTime）から最新のラップタイムを計算する。さらに，ラップタイムの基準となる時間（lapBaseTime）を現在の時間（now）にし，ラップタイムの合計（totalLap）を0にする。また，ラップタイムの番号（lapID）を1増やす。

【button() の中で】

9. (295, 170) の位置に lap と表示する。

【showLap() の中で】

10. 文字のサイズを24に設定し，5回分のラップタイムを表示する。

────────── プログラム 9-5（ラップタイムの取得機能の追加）──────────

```
 1   ...
 2   // 処理 1 (グローバル変数の宣言)
 3   int lapBaseTime;            // ラップタイムの基準となる時間
 4   int totalLap;               // ラップタイムの合計時間
 5   int lapID;                  // ラップタイムのID
 6   int [] lapTimes = new int[5]; // 5回分のラップタイム
 7
 8   void setup(){
 9     ...
10   }
11
12   void draw(){
13     ...
14     if(flag == false){
15       ...
16       // 処理 2 (ラップタイムの基準となる時間の設定)
17       [          ]; // ラップタイムの基準となる時間(lapBaseTime)を
18                     // 現在の時間(now)にする
19       noLoop();     // 繰り返しを止める
20     }
21     ...
22     text(nf(m, 2) + ":" + nf(s, 2) + "." + nf(ms, 3), width/2, height/2-100);
23     // 処理 3 (現在のラップタイムを表示)
24     int ltime = totalLap + now - lapBaseTime;
25         // ラップタイム(ltime)をラップタイムの合計(totalLap)と
26         // ラップタイムの基準となる時間(lapBaseTime)から計算
27     int lms = [          ]; // ミリ秒
28     int ls  = [          ]; // 秒
29     int lm  = [          ]; // 分
30     [          ]; // 文字のサイズを30に設定
31     text(nf(lm, 2) + ":" + nf(ls, 2) + "." + nf(lms, 3),
```

```
32              width/2+80, height/2-150);
33         // 現在のラップタイムを「分:秒.ミリ秒」の形で表示
34    ... // ボタンを表示する関数button()を呼び出す
35    // 処理 4 (関数showLap()の呼び出し)
36    [            ]; // ラップタイムを表示する関数showLap()を呼び出す
37  }
38
39  void mousePressed(){
40    ...
41    if(...){ // カーソルがstart/stopボタンの範囲内にあったら
42      if(...){ // flagがfalseなら
43        ... // flagをtrueにする
44        ... // 基準となる時間(baseTime)を現在の時間(now)にする
45        // 処理 5 (ラップライムの基準となる時間の設定)
46        [            ]; // ラップライムの基準となる時間(lapBaseTime)を
47                       // 現在の時間(now)にする
48        loop();        // 繰り返しを再開する
49      }else{ // flagがtrueなら
50        ... // flagをfalseにする
51        ... // 現在の時間(now)から基準となる時間(baseTime)
52            // を引いたものを計測時間の合計(totalTime)に加える
53        // 処理 6 (ラップタイムの合計の計算)
54        [            ]; // 現在の時間(now)から基準となる時間(lapBaseTime)
55                       // を引いたものをラップタイムの合計(totalLap)に加える
56        ...
57      }
58    }
59    else if(...){ // カーソルがresetボタンの範囲内にあったら
60      if(...){ // flagがfalseなら
61        ... // 計測時間の合計(totalTime)を0にする
62        // 処理 7 (ラップタイムの合計と番号を0にする)
63        [            ]; // ラップタイムの合計(totalLap)を0にする
64        [            ]; // ラップタイムの番号(lapID)を0にする
65        loop();        // 繰り返しを再開する
66      }
67      // 処理 8 (ラップタイムのコピーなど)
68      else{
69        for([            ]){ // iを4から1まで1ずつ減らしながら
70          [            ]; // i-1回前のラップタイム(lapTimes[i-1])を
71                         // lapTimes[i]にコピー
72        }
73        lapTimes[0] = totalLap + now - lapBaseTime;
74                       // それまでのラップタイムの合計(totalLap)と
75                       // ラップの基準となる時間(lapBaseTime)から
76                       // 最新のラップタイムを計算
77        [            ]; // ラップタイムの基準となる時間(lapBaseTime)を
78                       // 現在の時間(now)にする
79        [            ]; // ラップタイムの合計(totalLap)を0にする
80        [            ]; // ラップタイムの番号(lapID)を1増やす
81      }
82    }
83  }
84
85  void button(){
```

9.3 ラップタイムの取得が可能なストップウォッチ

```
86      ...
87      if(flag == false){
88        ...
89      }else{
90        ...        // (115, 170)の位置にstopと表示
91        // 処理 9 (lapと表示)
92        [              ];   // (295, 170)の位置にlapと表示
93      }
94    }
95
96    // 処理10 (ラップタイムを表示する関数showLap())
97    void showLap(){
98      textSize(24);
99      fill(0);
100     for(int i = 0; i < min(5,lapID); i++){
101       int lms = lapTimes[i]%1000;
102       int ls = (lapTimes[i]/1000)%60;
103       int lm = (lapTimes[i]/1000)/60;
104       text("lap" + nf(lapID-i, 2) + "  " + nf(lm, 2)
105         + ":" + nf(ls, 2) +"." +nf(lms, 3), width/2, 240+i*30);
106     }
107   }
```

図 9.8 に実行結果を示す。

(a) ラップ数が5のとき　(b) ラップ数が7のとき

図 9.8　プログラム 9-5 の実行結果

ここまでで，ラップタイムの取得が可能なストップウォッチのプログラムが完成しているはずである．正しく動作しているか，確認せよ．

10 つくってみよう：サウンドビジュアライザ

ここでは，ディジタル音声信号について学び，波形を表示したり，信号の最大値や最小値など音声データから得られる情報を可視化するプログラムの作成を行う。

10.1 音

10.1.1 音 と は

空気中を伝わる波を音波（音）といい，音波は空気を媒介として，空気の密度の信号（疎密波）として伝えられる。疎密波では，密度の疎なところと密なところが交互に繰り返される。疎密波は図 **10.1**(a) のような図で表すことができるが，このままでは波の動きを視覚的に理解しにくい。そこで，波において媒質（波を伝えるもの（音の場合には空気））が元の位置よりも右に動いている場合には，それと同じ距離だけ元の位置から上に動いているものとして表し，媒質が元の位置よりも左に動いている場合には，それと同じ距離だけ元の位置から下に動いているものとして表すと図 10.1(b) のように表すことができる。

(a) 空気の密度の変化

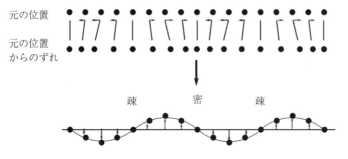

(b) 空気の密度の変化の波による表現

図 **10.1** 疎密波

10.1.2 PCM

コンピュータで音を扱う場合には，アナログ信号である音の信号をディジタル信号に変換する必要がある。音声のアナログ信号をディジタル信号に変換する際には，PCM（Pulse Code Modulation：パルス符号変調）と呼ばれる方式が用いられる。PCM では，信号を一定時間ごとに標本化（サンプリング）し，定められたビット数（段階）の数値に量子化して表現される。CD（Compact Disk）は，PCM によって音声データを記録したものであり，サンプリング周波数 44.1kHz（1 秒あたり 44100 個のデータをサンプリング），量子化ビット数 16 ビット（0～65535（$=2^{16}$ 段階））で音声データを表現している。

アナログ信号からディジタル信号へ変換する場合には，最初に標本化（サンプリング）を行う。アナログ信号では，信号はすべての時刻において値を持っているが，ディジタル化を行う場合には，信号の値を一定時間ごとに標本化（サンプリング）する。したがって，ディジタル信号では，離散的な時刻でしか値をとらない。信号をどのような時間間隔でサンプリングするかを表す数値をサンプリング周波数といい，1 秒あたり何個のデータをサンプリングするかで表す。ここで用いる minim というライブラリではデフォルトではサンプリング周波数は 44.1kHz（44100Hz）に設定されている。つまり，1 秒あたり 44100 個のデータをサンプリングすることになる。サンプリング周波数は大きいほど元のアナログ信号の情報を正確に表現することができるため，音声の品質は高くなる。図 10.2 の例では，5Hz（1 秒あたり 5 個のデータ），10Hz（1 秒あたり 10 個のデータ）でサンプリングしている。

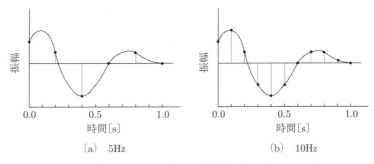

図 10.2　サンプリング周波数による違い

サンプリングされた信号はさらに量子化され，量子化ビット数によって決まる段階数の離散的な値へと変換される。量子化ビット数とは，サンプリングされた信号を何ビット分で表現するかを決めるものである。コンピュータでは 0 と 1 で表される信号で情報を表現するため，例えば 8 ビットであれば 0～255 の 256（$=2^8$）種類の数値を表すことができる。サンプリングされた信号を量子化する際には，量子化ビット数によって決まる段階数の離散的な値のうち，一番近い値に量子化されるため，量子化ビット数が大きいほど，元のアナログ信号

の情報を正確に表現できることになる．図 10.3 の例では，量子化ビット数 2（4（= 2^2）段階）と量子化ビット数 3（8（= 2^3）段階）で量子化している．量子化ビット数が 2 のときよりも量子化ビット数が 3 のときの方が量子化後の信号（黒丸）が元の波形の信号に近い値となっていることがわかる．

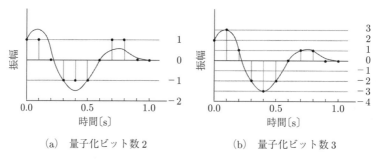

(a) 量子化ビット数 2　　　(b) 量子化ビット数 3

図 10.3 量子化ビット数による違い

10.2 minim ライブラリ

特定の機能を持った複数のプログラムを他のプログラムから再利用できるような形でひとまとまりにしたものをライブラリ（Library）と呼ぶ．Processing で使用することのできる様々なライブラリが提供されているが，今回は音のデータを扱うために「minim」と呼ばれるライブラリを使用する．

Minim を使用するために，以下の手順で minim ライブラリをインストールする．

1. メニューの"スケッチ"⇒"ライブラリをインポート"⇒"ライブラリを追加"を選択する
2. 開いたウィンドウに出てきたリストを中程までスクロールして，"Minim|An audio library ..."を選択する
3. 右下の"install"ボタンを押す

minim に関する情報は，http://code.compartmental.net/minim/ から得ることができる．

10.3 音声信号の波形の表示（1）

ここでは，図 10.4 のように音声ファイルの音声信号の波形の表示を行う．以下の説明に合うように空欄を埋めてプログラムを作成してみよう．

10.3 音声信号の波形の表示 (1)　　97

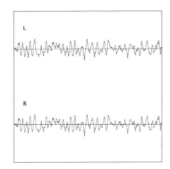

図 10.4　音声ファイルの音声信号の波形の表示

【プログラムの先頭で】

1. 音を扱うためのライブラリ minim を使用できるようにするため，minim ライブラリをインポートする。ライブラリのインポートは

  import ライブラリ名;

のように記述することで行うことができる。minim ライブラリを使用する場合には

  import ddf.minim.*;

のように記述する。

【グローバル変数として】

2. Minim 型の変数 minim を宣言する。minim ライブラリを使用する場合には必ず Minim 型の変数を宣言しておく必要がある。また，音声ファイルを扱うために AudioPlayer 型の変数 player を宣言する。さらに，音声ファイルから入力された信号の増幅率を表す float 型の変数 amp を宣言し，増幅率を 200.0 に設定する。また，ステレオ信号の左右のチャネルの波形を上下に分けて表示するために，それぞれのチャネルの波形の表示位置を表す int 型の変数 leftY, rightY を宣言し，それぞれ 200, 600 に初期化する。

【setup() の中で】

3. 800×800 のウィンドウを作成する。

4. Minim 型の変数のインスタンスを生成する。インスタンスについてはここでは説明しないが，現時点では，Minim 型の変数 minim を使用できるようにするために

  minim = new Minim(this);

と書くと考えてもらえればよい。

5. 音声ファイルの信号を読み出して，AudioPlayer 型の変数 player で扱えるようにする。第一引数は，読み込む音声ファイルのファイル名，第二引数は，バッファサイズで，一回に読み出して保持する信号の個数を設定する。ここでは

  player = minim.loadFile("ファイル名", width);

のように記述し，読み込むファイル名と，バッファサイズを width（ウィンドウの横幅）に設定する．音声データファイルは，どこに配置してもよいが，これから作成する複数のプログラムで使用することになるので，スケッチフォルダが置かれているフォルダ中に置いておくと便利である．ここでは，スケッチフォルダの置かれているフォルダ，例えば Processing フォルダの下に sounddata というフォルダを作成し，そこに音楽データを配置するものとする．プログラム中で記述するファイル名は，現在のスケッチからの相対パスで，"../sounddata/music.wav" のように指定すればよい．なお，音声ファイル（music.wav）は各自で用意したものを使用する．音声ファイルの形式は，".wav" や ".mp3" が使用できる．また，player.play() で音声データの再生を開始する．

【draw() の中で】

6. 背景を白，線と文字の色を黒に設定する．

7. 文字のサイズを 30 に設定し，(50, leftY−100) の位置に "L"，(50, rightY−100) の位置に "R" と表示する．また，表示する波形の基準線として，y 方向の位置が leftY，rightY の位置にそれぞれ直線を描画する．

8. AudioPlayer 型の変数 player に格納されている値を利用して波形を描画する．変数 i を 1 から変数 player のバッファのサイズ（player.bufferSize()）分だけ for 文で繰り返し，ファイルから読み込んだ音声信号の各時点での大きさを取り出す．左側の i 番目の音声信号の大きさは player.left.get(i) で，右の音声信号の大きさは player.right.get(i) で取得できる．同様に (i−1) 番目の信号の大きさも取得しておく．取得される値は 1/44110 秒間隔でサンプリングされた信号を 16 ビット（65536（$=2^{16}$）段階）で量子化したものを −1.0 〜 1.0 の範囲の値に変換したものである．for 文中で，i と左右の信号の i 番目と (i−1) 番目の値を引数として直線を描画する関数 drawLine() を呼び出す．

【drawLine() として】

9. 関数 drawLine() では，i と左右の信号の i 番目と (i−1) 番目の値を引数として受け取り，関数 calcPos() を呼び出して，それぞれの信号に対応する y 方向の位置を求め，(i−1) 番目の信号の大きさと i 番目の信号の大きさを結ぶ直線を引く．

【calcPos() として】

10. 関数 calcPos() は，左右を識別する文字 'l' または 'r' と，音声信号の大きさ signal を引数として受け取り，音声信号の大きさに対応する y 方向の描画位置を返す．左側の信号ならば，左チャネルの基準位置を中心として ±1.0 ∗ amp の範囲に，右側の信号ならば，右チャネルの基準位置を中心として ±1.0 ∗ amp の範囲になるような値を返す．なお，信号の値が正のときに基準線よりも上側になるようにするために信号の符号を逆にしている．

モノラルとステレオ

単一のチャネルで録音や再生を行う方式をモノラル，左右二つのチャネルで録音や再生を行う方式をステレオという。モノラルの場合には，一つのマイクで録音した一つの信号だけで再生を行う。それに対し，ステレオでは複数のマイクで録音した音を左右二つのスピーカで再生するため，音の左右の広がりを再現することができる。

【stop() の中で】

11. プログラムが終了されるときに呼び出される関数 stop() の中で，ファイル再生用の変数 player を閉じ（player.close()），minim を終了し（minim.stop()），プログラムの終了処理を行う（super.stop()）。minim ライブラリを使用した場合には，プログラムを終了する際に音声ファイルを扱う変数と minim をクリア（終了）する必要がある。また，関数 stop() を定義した場合には，関数の最後で super.stop() を呼び出す必要がある。

【mousePressed() の中で】

12. 信号の増幅率をマウスカーソルの縦方向の位置で変化できるようにする。マウスカーソルの y 座標の位置のウィンドウの高さ（height）に対する割合を求め，それを 400 倍したものを amp とする。マウスをウィンドウの上部でクリックすると増幅率は小さくなり，低い位置でクリックすると大きくなる。

---- プログラム 10-1（音声信号の波形の表示（1））----

```
1    // 処理 1 (ライブラリのインポート)
2    import ddf.minim.*; // minimライブラリのインポート
3    // 処理 2 (グローバル変数の設定)
4    Minim minim;        // Minim型の変数minimの宣言
5    AudioPlayer player; // AudioInput型の変数playerの宣言
6    float amp = 200.0;  // 信号の増幅率の初期値
7    int leftY = 200;    // 左チャネルの表示の基準となる位置 (y方向の位置)
8    int rightY = 600;   // 右チャネルの表示の基準となる位置 (y方向の位置)
9
10   void setup(){
11     // 処理 3 (ウィンドウの作成)
12     size(800, 800);           // 800×800のウィンドウを作成
13     // 処理 4 (Minim型の変数minimのインスタンスの生成)
14     minim = new Minim(this); // Minim型の変数minimのインスタンスを生成
15     // 処理 5 (音データ入力を行うための設定, バッファサイズをwidth(800)に設定)
16     player = minim.loadFile("../sounddata/music.wav", width);
17     player.play();            // 再生開始
18   }
19
20   void draw(){
21     // 処理 6 (色の設定)
22     background(255);          // 背景を白に設定
23     stroke(0);                // 線の色を黒に設定
```

```
24    fill(0);                              // 文字の色を黒に設定
25    // 処理 7 (基準となる線などの描画)
26    textSize(30);                         // 文字のサイズを30に設定
27    line(0, leftY, width, leftY);         // 左チャネルの基準線, y=leftYの直線を描画
28    text("L", 50, leftY-100);             // (50, leftY-100)に "L" を表示
29    [          ];                         // 右チャネルの基準線, y=rightYの直線を描画
30    [          ];                         // (50, rightY-100)に "R" を表示
31
32    // 処理 8 (波形の描画)
33    for(int i = 1; i < player.bufferSize(); i++){ // bufferSize()-1回 繰り返す
34      float l = player.left.get(i);       // 左チャネルのi番目の値
35      [          ];                       // 右チャネルのi番目の値
36      float pl = player.left.get(i-1);    // 左チャネルの(i-1)番目の値
37      [          ];                       // 右チャネルの(i-1)番目の値
38      drawLine(i, l, r, pl, pr );         // 前の位置から現在の位置まで直線を引く
39    }
40 }
41
42 // 処理 9 (波形の描画)
43 void drawLine(int i, float left, float right, float pleft, float pright){
44    stroke(0); // 直線の色を黒に設定
45    line(i-1, calcPos('l', pleft), i, calcPos('l', left));
                      // 左チャネルの信号に対応する直線を描画
46    [          ];   // 右チャネルの信号に対応する直線を描画
47 }
48
49 // 処理 10 (信号の大きさに対応する基準線からの表示位置を求める)
50 float calcPos(char ch, float signal){
51    if(ch == 'l'){
52      return [          ];
                      // 左チャネルの信号の大きさに対応する表示位置を返す
53    }else if(ch == 'r'){
54      return rightY - signal * amp;
                      // 右チャネルの信号の大きさに対応する表示位置を返す
55    }else{
56      return 0;
57    }
58 }
59
60 void stop(){ // プログラムが終了されるときに呼び出される関数
61    // 処理 11 (プログラム終了時の処理)
62    player.close();   // 音声入力用の変数playerを閉じる
63    minim.stop();     // minimを終了
64    super.stop();     // プログラムの終了処理
65 }
66
67 // マウスが押されたとき, その垂直方向の位置によってampの値を変化させる
68 void mousePressed(){
69    // 処理 12 (マウスの押された位置で信号の増幅率を変更する)
70    amp = 400 * (float)mouseY / (float)height;
71 }
```

このプログラムでは，バッファサイズ分だけの音声データが取得されるたびに関数 draw() が呼び出されることになる。デフォルトの設定では，1 秒間に 44100 個のデータが読み込まれるようになっているため，バッファサイズが 800 の場合には関数 draw() が 1 秒間に 55.125 (=44100/800) 回呼び出されることになる。なお，バッファサイズが小さく，1 秒間に呼び出される回数が 60 を越えるような場合には，フレームレートを「サンプリング周波数/バッファサイズ」以上の値に設定しておく必要がある。

10.4 音声信号の波形の表示（2）

プログラム 10-1 に機能を追加して，図 10.5 のような表示を行う。以下の説明に合うように空欄を埋めてプログラム 10-2 を作成してみよう。

(1) 30 フレーム時間内の，左右チャネルの信号の最大値，最小値を求め，それぞれのチャネルの中央部分に棒グラフで表示する。
(2) 各フレーム内での左右の信号の最大値および最小値を前の棒グラフに重ねて表示する。
(3) 左右のチャネルの音量相当の値として RMS（Root Mean Square）値を求め，基準線から正負両方のそのレベルの位置にマゼンタ色の直線を引く。

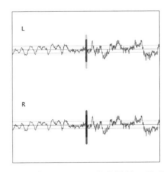

図 10.5　音声ファイルの音声信号の波形の表示

【グローバル変数として】
1. 信号の最大値，最小値の履歴の長さを histNum として宣言する。ここでは履歴の長さを 30 とする。信号の最大値と最小値の履歴を記憶しておく配列を確保する。履歴を記憶する配列の現在の位置を記憶しておく変数 histIndex を宣言する。また，履歴を保持しておくため，要素数が histNum の配列 hlmax, hrmax, hlmin, hrmin を宣言し，配列を確保しておく。これらの配列はそれぞれ，左右の信号の最大値，左右の信号の最小値の履歴が格納される。

【draw() の中で】

2. 1 フレーム時間内での，最大値，最小値を求めるための変数 lmax, lmin, rmax, rmin を宣言する。最小値を求めるための変数は正の大きな値，最大値を求めるための変数は負の小さな値に初期化する。音声データの信号は，−1.0 ~ 1.0 の値をとるのでその範囲を超える適当な値を初期値として設定する。

3. 波形を描画する部分に，最大値と最小値を求める処理を追加する。現在の左右の信号の大きさを現在の最大値および最小値と比較して，現在の値が最大値よりも大きかったら最大値を更新し，最小値よりも小さかったら最小値を更新する。二つの値の大きい方をとる関数 max() と小さい方をとる関数 min() を使用する。例えば，max(l, lmax) とすると l と lmax のうち，大きい方の値を取得することができる。

4. RMS レベルを取得し表示する。左右の信号の RMS 値は，player.left.level() と player.right.level() で求めることができる。この値は，0.0~1.0 の範囲をとる。取得した値からその y 方向の位置を算出し，基準線から上下にその値だけ離れた位置にマゼンタ色 (255, 0, 255) の直線を引く。

5. まず，算出した現在の最大値・最小値を履歴を記憶する配列の histIndex の位置に登録する。登録後，histIndex を 1 進める。histIndex が histNum よりも大きくなった場合は，histIndex は 0 に戻す。この処理は，histIndex+1 を histNum で割った余りを取ることにより実装している。

6. 過去の最大値，最小値を表示する準備を行う。まず，最大値と最小値の表示位置を表す pmax, pmin を宣言する。また，棒グラフの x 方向の表示位置 px を画面の中央にする。さらに，棒グラフの棒の線の幅を 10 に設定する。

7. 過去の履歴の中の最大値と最小値を調べ，それに対応した表示位置を求める。過去の履歴は配列 hlmax, hrmax, hlmin, hrmin に入っている。関数 max() は引数として配列を渡すと，その配列中の最大値を返す。同様に，関数 min() は引数として配列を渡すとその配列の中の最小値を返す。これによって，配列中の最大値，最小値を求め，それらを結ぶ直線を引く。色は右チャネルは赤 (255, 0, 0)，左チャネルは緑 (0, 255, 0) とする。

8. 7. と同様に現在の最大値と最小値に対応する表示位置を求め，棒グラフの形で重ねて表示する。色は右チャネルは暗い赤 (128, 0, 0)，左チャネルは暗い緑 (0, 128, 0) とする。

9. 最後に，線幅を 1 に戻しておく。

―――――― プログラム 10-2（音声信号の波形の表示 (2)）――――――

```
1   // 処理 1（グローバル変数を追加宣言）
2   int histNum = 30;       // 履歴の長さ
```

10.4 音声信号の波形の表示 (2)

```
3    int histIndex;        // 現在の位置
4    float [] hlmax = new float[histNum]; // 左チャネルの信号の最大値の履歴
5    float [] hrmax = new float[histNum]; // 右チャネルの信号の最大値の履歴
6    float [] hlmin = new float[histNum]; // 左チャネルの信号の最小値の履歴
7    float [] hrmin = new float[histNum]; // 右チャネルの信号の最小値の履歴
8    // その他の処理は プログラム 10-1 と同じ
9    ...
10
11   void draw(){
12     // プログラム 10-1 の処理 6, 7はそのまま
13     ...
14     // 処理 2 (最大値・最小値取得の準備)
15     float lmax = -10000000;
            // 左チャネルの信号の最大値 (ありえない小さな値で初期化)
16     float lmin = 10000000;
            // 左チャネルの信号の最小値 (ありえない大きな値で初期化)
17     float rmax = -10000000; // 右チャネルの信号の最大値
18     float rmin = 10000000;  // 右チャネルの信号の最小値
19
20     // 描画処理
21     for(int i = 1; i < player.bufferSize(); i++){ // bufferSize()-1回 繰り返す
22       // 波形を描く部分は プログラム 10-1 と同じ
23       ...
24       // 処理 3 (L, Rチャネルのバッファ内の最大値・最小値を求める)
25       lmax = max(l, lmax); // 左チャネルの最大値を更新
26       [            ];      // 左チャネルの最小値を更新
27       [            ];      // 右チャネルの最大値を更新
28       [            ];      // 右チャネルの最小値を更新
29     }
30     // 処理 4 (RMS レベルの取得と表示)
31     float leftLevel = player.left.level();    // 左チャネルのレベルを取得
32     float rightLevel = player.right.level();  // 右チャネルのレベルを取得
33     float ylp = calcPos('l', leftLevel);      // 左の＋方向の表示位置を計算
34     float ylm = [            ];               // 左の－方向の表示位置を計算
35     float yrp = [            ];               // 右の＋方向の表示位置を計算
36     float yrm = [            ];               // 右の－方向の表示位置を計算
37     stroke(255,0,255);       // 線の色をマゼンタに設定
38     line(0, ylp, width, ylp); // 左チャネルの＋側レベルの直線を引く
39     [            ];           // 左チャネルの－側レベルの直線を引く
40     [            ];           // 右チャネルの＋側レベルの直線を引く
41     [            ];           // 右チャネルの－側レベルの直線を引く
42
43     // L, R チャネルの最大値, 最小値を履歴として記憶する
44     // 処理 5 (過去の履歴に現在の最大値・最小値を追加)
45     hlmax[histIndex] = lmax;
46     hrmax[histIndex] = rmax;
47     hlmin[histIndex] = lmin;
48     hrmin[histIndex] = rmin;
49     histIndex = (histIndex+1) % histNum; // 配列のインデックスを進める
50
51     // 処理 6 (過去の最大値・最小値の表示の準備)
52     float pmax, pmin; // 最大値と最小値の表示位置
53     int px = width/2; // 棒グラフのx方向の表示位置を画面中央に設定
54     strokeWeight(10); // 線幅を10に設定
```

```
55
56    // 処理 7 (過去の最大値と最小値を棒グラフで表示)
57    pmax = calcPos('l', max(hlmax));    // 左チャネルの最大値の表示位置を計算
58    pmin = [          ];                // 左チャネルの最小値の表示位置を計算
59    stroke(0, 255, 0);                  // 線の色を緑に設定
60    line(px, pmax, px, pmin) ;          // 最大値から最小値まで直線を引く
61
62    pmax = [          ];    // 右チャネルの最大値の表示位置を計算
63    pmin = [          ];    // 右チャネルの最小値の表示位置を計算
64    [          ];           // 線の色を赤に設定
65    [          ];           // 最大値から最小値まで直線を引く
66
67    // 処理 8 (現在の最大値と最小値を棒グラフで表示)
68    pmax = calcPos('l', lmax);    // 左チャネルの最大値の表示位置を計算
69    pmin = [          ];          // 左チャネルの最小値の表示位置を計算
70    stroke(0, 128, 0);            // 線の色を暗い緑に設定
71    line(px, pmax, px, pmin);     // 最大値から最小値まで直線を引く
72
73    pmax = [          ];    // 右チャネルの最大値の表示位置を計算
74    pmin = [          ];    // 右チャネルの最小値の表示位置を計算
75    [          ];           // 線の色を暗い赤に設定
76    [          ];           // 最大値から最小値まで直線を引く
77
78    // 処理 9 (線幅を戻す)
79    strokeWeight(1);        // 線幅を1に戻す
80  }
81
82  // プログラム終了時の処理, マウスが押されたときの処理 (プログラム 10-1 と同じ)
83  void drawLine(...){
84    ...
85  }
86
87  void calcPos(...){
88    ...
89  }
90
91  void stop(){ // プログラムが終了されるときに呼び出される関数
92    ...
93  }
94
95  void mousePressed(){
96    ...
97  }
```

10.5 音声信号の線の長さによる表現

以下の説明に合うように空欄を埋めて，図 10.6 のように中心から放射状に伸びる，信号の大きさに応じた長さの直線によって音声信号を表現するプログラム 10-3 を作成してみよう．信号は左右の信号を合成したものを使用する．なお，プログラム 10-1 と共通な部分が多いの

図 10.6 音声信号の線の長さによる表現

で，プログラム 10-1 のプログラムをコピーしてから必要な部分のみを書き換えるとよい。

【draw() の中で】

1. 背景色を白に設定する。線を描画する角度を表す float 型の変数 angle を宣言し，0 で初期化する。

2. 線の長さを表す float 型の変数 lineL を宣言し，音声ファイルから読み出された左右チャネルの合成した i 番目の信号の大きさ（player.mix.get(i)）に応じて lineL の値を

   float lineL = abs(player.mix.get(i))*amp*4;

   のように設定する。amp の値は，波形表示で使用したときと同じでは小さすぎるので，4 倍して使用する。関数 abs() は絶対値を求める関数であり，abs(x) のように記述することで x の絶対値を求めることができる。float 型の変数 x, y を宣言し，中心から距離が lineL，角度が angle の点の x 座標と y 座標を計算した結果を代入する。線の色を黒に設定し，ウィンドウの中心（width/2, height/2）と（x, y）を結ぶ直線を描画する。中心（c_x, c_y）から距離が l，角度が θ の点の x 座標は

   $x = c_x + \cos\theta * l$

   で，中心から距離が l，角度が θ の点の y 座標は

   $y = c_y + \sin\theta * l$

   で求められる。

3. 角度 angle を TWO_PI/player.bufferSize() だけ増やす。バッファサイズ（player.bufferSize()）回で angle はちょうど 1 周する（2π (TWO_PI) になる）ことになる。

```
1   // ライブラリのインポート，グローバル変数の宣言(プログラム 10-1 と同じ)
2   ...
3   // setup関数 (プログラム 10-1 と同じ)
4   void setup(){
5       ...
6   }
7
8   void draw(){
9       // 処理 1 (色と角度の設定)
10      background(255);              // 背景を白に設定
11      float angle = 0;              // 線分の角度の初期値を0に設定
12
13      for(int i = 0; i < player.bufferSize(); i++){ // bufferSize()回 繰り返す
14          // 処理 2 (波形の描画)
15          float lineL = [         ];                // 線分の長さを計算
16          float x = width/2 + lineL*cos(angle);     // 線分の端点のx方向の位置を計算
17          float y = [         ];                    // 線分の端点のy方向の位置を計算
18          stroke(0);                                // 線分の色を黒に設定
19          [         ];                              // 中心から(x, y)へ線分を描画
20          // 処理 3 (線分の角度を変化させる)
21          angle += TWO_PI/player.bufferSize();      // 角度を変化させる
22      }
23  }
24
25  // プログラム終了時の処理，マウスが押されたときの処理 (プログラム 10-1 と同じ)
26  void stop(){ // プログラムが終了されるときに呼び出される関数
27      ...
28  }
29
30  void mousePressed(){
31      ...
32  }
```

10.6 音声信号の色による表現

プログラム 10-3 に修正を加えて，図 10.7 のように中心から放射状に伸びる直線を色つきにするプログラムを書いてみよう．プログラム 10-3 と共通な部分が多いので，プログラム 10-3 のプログラムをコピーしてから必要な部分のみを書き換えるとよい．

【draw() の中で】

1. カラーモードを HSB に設定し，色相の範囲を 0〜255 に設定する．これまでのプログラムでは色を指定する際に RGB を用いていたが，ここでは色相 (H：Hue)，彩度 (S：Saturation)，明度 (B：Brightness) を用いて色を表す HSB 形式を用いる．色相は，色の種類を表し，図 10.8 に示すように色を円環にして並べたものを色相環という．色

10.6 音声信号の色による表現

図 10.7　音声信号の色による表現

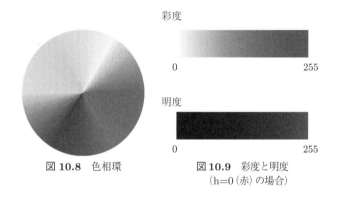

図 10.8　色相環　　　図 10.9　彩度と明度
　　　　　　　　　　　　　　（h=0（赤）の場合）

相環では 0 度が赤，120 度が緑，240 度が青というように 0～360 度の角度が様々な色に対応している。カラーモードは colorMode（HSB, hmax, smax, bmax）のように記述することで HSB 形式に設定することができ，色相は 0～hmax の範囲の値で表現されることになる。ここでは，色相を 0～255 の範囲で表現するものとしているため，0～255 が色相環の 0～360 度の色に対応することとなる。彩度は色の鮮やかさを表し，0～smax の範囲の値で表現される。0 の場合はグレースケール（白，黒，灰色などの無彩色）の色となる。明度は色の明るさを表し，0～bmax の範囲の値で表現されることになる。図 10.9 では，彩度も明度も 0～255 の範囲の値をとるものとして表している。

【drawLine() の中で】

2. プログラム 10-3 の直線を描画する部分を修正して，色のついた直線を引くようにしてみる。色相の値を角度で変化させる。直線を描く方向が一周する間に，色相を一周変化させる。角度 angle に対応する色相の値は 255*angle/TWO_PI となる。さらに，描画フレームが進むにつれて，色相環が回って見えるように frameCount の値を加え，

255 以下の値になるようにするために 256 で割った余りを色相の値とする。彩度と明度はどちらも 255 とする。

プログラム 10-4（音声信号の色による表現）

```
1   void draw(){
2     // 色と角度の設定（プログラム 10-3 と同じ）
3     ...
4     // 処理 1（カラーモードの設定）
5     colorMode(HSB, 255, 255, 255);
6
7     for(int i = 0; i < player.bufferSize(); i++){ // bufferSize()回繰り返す
8       // 波形の描画（プログラム 10-3 と同じ）
9       ...
10      // 処理 2（色相・彩度・明度の指定）
11      int hue = ((int)(255*angle/TWO_PI) + frameCount) % 256;
12      stroke(hue, 255, 255);
13      // 直線を描き，角度を更新する（プログラム 10-3 と同じ）
14      ...
15
16    }
17  }
```

11 つくってみよう：アクションゲーム

これまで学んできたように，Processing ではアクティブモードでのプログラミングにより，スムーズに動く物体をアニメーション表示させたり，ユーザからのキーボード入力やマウスの入力をリアルタイムに受け付けたりできるようになっている。これらの機能を活かすと，アクションゲームやシューティングゲームのような動的なゲームを作成することもできる。

ここではアクションゲームの一例として，自キャラをキーボード（矢印キー）で左右に移動させたり，ジャンプさせたりすることで画面の中を移動させるゲームを作成する。自キャラを操作し，左右に移動する「動く床」（以下，単に床と呼ぶ）に飛び乗るということを繰り返しながら，左右に移動する敵キャラと接触することなしに画面の一番上に到達することがゲームの目的となる。

11.1 ゲームの作成手順

図 11.1 において，水色の丸（明るい丸）が自キャラ，赤い丸（やや暗めの丸）が敵キャラ，黒い横線が床を表している。

ゲームの作成は以下の手順で行う。
1. 自キャラの基本動作の処理
- ←キー・→キーによる自キャラの左右移動や自キャラの表示などを実現する。
- ↑キーによる自キャラのジャンプの機能を追加する。
2. 床に関する処理
- 左右に移動する八つの床を追加する。
- 自キャラと床との衝突判定を行い，床の上に乗ったり，下からぶつかって跳ね返ったりす

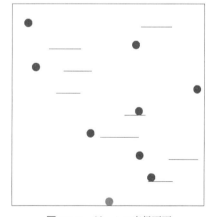

図 11.1 ゲームの実行画面

るようにする。画面の一番上に到達したときにゲームクリアとなる機能も追加する。
3. 敵キャラに関する処理
- 左右に移動する八つの敵キャラを追加する。自キャラと敵キャラの衝突判定を実装し，衝突したらゲームオーバーになるようにする。

11.2　自キャラの基本動作の処理

以下の説明に合うように空欄を埋めて，自キャラを←キー・→キーによって左右に移動できるようなプログラム 11-1～11-4 を作成しよう。

【グローバル変数として】
1. グローバル変数として以下のように変数を宣言する。
   - 自キャラの中心の x, y 座標を表す float 型の変数 myX, myY を宣言する。
   - 自キャラの x, y 方向の変化量を表す float 型の変数 myDx, myDy を宣言する。
   - 自キャラ・敵キャラの半径を表す float 型の変数 r を宣言し，12.0 に設定する。
   - 自キャラの状態を表す int 型の変数 mode を宣言する。mode は 0 のとき通常モード，1 のときジャンプモードを表す。ジャンプモードはジャンプによって空中にいる状態，通常モードはそれ以外の状態（床の上や画面の最下部にいる状態）をさす。
   - キーボード操作による x 方向の変化量を表す float 型の変数 moveL を宣言し，1.0 に設定する。

【setup() の中で】
2. 以下のように初期設定を行う。
   - 600×600 のウィンドウを作成する。
   - フレームレートを 120 に設定する。
   - 文字のサイズを 30 に設定する。
   - 文字の表示位置を水平，垂直とも中央に設定する。
3. 自キャラの初期設定を行う関数 setupMyChara() を呼び出す。

───── プログラム 11-1（自キャラに関するグローバル変数の設定・setup() 関数の設定）─────

```
1   // 処理 1（自キャラに関するグローバル変数）
2   float myX, myY;       // 自キャラの中心のx, y座標
3   float myDx, myDy;     // 自キャラのx, y方向の変化量
4   float r = 12.0;       // 自キャラ・敵キャラの半径
5   int mode;             // 0：通常モード，1：ジャンプモード
6   float moveL = 1.0;    // キーボード操作によるx方向の変化量
7
8   // setup()関数
9   void setup(){
10    // 処理 2（初期設定）
11    size(600, 600); // 600×600のウィンドウを作成
12    frameRate(120); // フレームレートを120に設定
13    textSize(30);   // 文字サイズを30に設定
```

```
14    textAlign(CENTER, CENTER);  // 文字の表示位置を水平，垂直とも中央に設定
15    // 処理 3 (setupMyChara()の呼び出し)
16    setupMyChara();  // 自キャラの初期設定を行うsetupMyChara()の呼び出し
17  }
```

【draw() の中で】

1. 背景色を 255（白）に設定する。
2. 自キャラの移動を行う関数 moveMyChara() を呼び出す。

【setupMyChara() の中で】

3. 以下のように自キャラの初期設定を行う。
   - 自キャラの x 座標 myX をウィンドウの中央に設定する。
   - 自キャラの y 座標をウィンドウの下端に接する位置（height−r）に設定する。
   - mode を通常モード（0）に設定する。

【moveMyChara() の中で】

4. 以下のような関数を呼び出し，自キャラの移動を実現する。
   - 自キャラのキーボードによる操作を行う関数 myCharaKey() を呼び出す。
   - 自キャラの x 座標の更新を行う関数 updateMyCharaX() を呼び出す。
   - 自キャラの表示を行う関数 drawMyChara() を呼び出す。

───── プログラム 11-2 （draw() 関数の設定・setupMyChara()，moveMyChara() の作成）─────

```
1   // draw()関数
2   void draw(){
3     // 処理 1 (背景色の設定)
4     background(255);           // 背景色を255(白)に設定
5     // 処理 2 (moveMyChara()の呼び出し)
6     moveMyChara();             // 自キャラの移動を行うmoveMyChara()の呼び出し
7   }
8
9   // 処理 3 (自キャラの初期設定を行う関数)
10  void setupMyChara(){
11    ▢▢▢▢▢▢▢▢▢▢ ;  // 自キャラのx座標myXをウィンドウの中央に設定
12    ▢▢▢▢▢▢▢▢▢▢ ;  // 自キャラのy座標myYをウィンドウの下端に接する
13                    // 位置(height-r)に設定
14    mode = 0;       // modeを通常モード(0)に設定
15  }
16
17  // 処理 4 (自キャラの移動を行う関数)
18  void moveMyChara(){
19    myCharaKey();    // 自キャラのキーボードによる操作を行うmyCharaKey()
20                     // の呼び出し
21    updateMyCharaX();  // 自キャラのx座標の更新を行うupdateMyCharaX()の呼び出し
22    drawMyChara();    // 自キャラの表示を行うdrawMyChara()の呼び出し
```

```
       23  }
```

【myCharaKey() の中で】

通常モード（mode が 0）ならば以下のような処理を行う。

キーボードが押されていれば，keyCode の値により処理を分岐する。

- ←キーならば，自キャラの x 方向の変化量 myDx を −moveL（左向き）に設定する。
- →キーならば，自キャラの x 方向の変化量 myDx を moveL（右向き）に設定する。
- それ以外の特殊キーならば，自キャラの x 方向の変化量 myDx を 0 に設定する。

キーが押されていなければ自キャラの x 方向の変化量 myDx を 0 に設定する。

―― プログラム 11-3（myCharaKey() の作成）――

```
 1  // 自キャラのキーボードによる操作を行う関数
 2  void myCharaKey(){
 3    if(mode == 0){ // 通常モード(modeが0)ならば
 4      if(keyPressed) { // キーが押されていれば
 5        switch(keyCode){ // keyCodeの値により処理を分岐
 6          case [      ] : // ←キーならば
 7            [          ] ;   // 自キャラx方向の変化量myDxを-moveL(左向き)に設定
 8            break;
 9          case [      ] : // →キーならば
10            [          ] ;   // 自キャラx方向の変化量myDxをmoveL(右向き)に設定
11            break;
12          default:        // それ以外の特殊キーならば
13            [          ] ;   // 自キャラx方向の変化量myDxを0に設定
14            break;
15        }
16      }else{            // キーが押されていなければ
17        [          ] ;       // 自キャラx方向の変化量myDxを0に設定
18      }
19    }
20  }
```

【updateMyCharaX() の中で】

1. 自キャラがウィンドウの左端に到達したら，以下のような処理を行う。
   - ジャンプモード（mode が 1）ならば，自キャラの x 方向の変化量 myDx の符号を反転する。
   - それ以外（通常モード）ならば，自キャラの x 方向の変化量 myDx を 0 に設定し，移動を停止する。また，自キャラの x 座標 myX を左端に接した位置（r）

11.2 自キャラの基本動作の処理

に設定する。

2. 自キャラがウィンドウの右端に到達したら，以下のような処理を行う。
   - ジャンプモード（modeが1）ならば，自キャラのx方向の変化量myDxの符号を反転する。
   - それ以外（通常モード）ならば，自キャラのx方向の変化量myDxを0に設定し，移動を停止する。また，自キャラのx座標myXを右端に接した位置（width−r）に設定する。

3. 自キャラのx座標myXにx方向の変化量myDxを加える。

【drawMyChara()の中で】

4. 自キャラを以下のように描画する。
   - 自キャラの線の色を（128, 192, 255）に設定する。
   - 自キャラの塗りつぶし色を（128, 192, 255）に設定する。
   - （myX, myY）を中心とする半径r（直径r*2）の円を描画する。

プログラム 11-4（updateMyCharaX(), drawMyChara() の作成）

```
1   // 自キャラのx座標の更新を行う関数
2   void updateMyCharaX() {
3     // 処理 1 (左端に到達したときの処理)
4     if(          ){   // 自キャラがウィンドウの左端に到達したら
5       if(          ){ // ジャンプモード(modeが1)ならば
6         [        ];   // 自キャラのx方向の変化量myDxの符号を反転
7       }else{          // それ以外(通常モード)ならば
8         [        ];   // 自キャラのx方向の変化量myDxを0に設定(移動を停止)
9         [        ];   // 自キャラのx座標myXを左端に接した位置(r)に設定
10      }
11    }
12    // 処理 2 (右端に到達したときの処理)
13    else if(          ){ // 自キャラがウィンドウの右端に到達したら
14      if(          ){    // ジャンプモード(modeが1)ならば
15        [        ];      // 自キャラのx方向の変化量myDxの符号を反転
16      }else{             // それ以外(通常モード)ならば
17        [        ];      // 自キャラのx方向の変化量myDxを0に設定(移動を停止)
18        [        ];      // 自キャラのx座標myXを右端に接した位置(width-r)に設定
19      }
20    }
21    // 処理 3 (自キャラのx座標の更新)
22    [        ]; // 自キャラのx座標myXをx方向の変化量myDxだけ更新
23  }
24
25  // 処理 4 (自キャラの表示を行う関数)
26  void drawMyChara(){
27    [        ]; // 自キャラの線の色を(128, 192, 255)に設定
28    [        ]; // 自キャラの塗りつぶし色を(128, 192, 255)に設定
29    [        ]; // (myX, myY)を中心とする半径r（直径r*2)の円を描画
```

```
 30    }
```

図 11.2 に実行結果を示す。

図 11.2　自キャラの左右移動の実行結果

以上の手順にしたがって空欄をすべて埋めると，自キャラが←キーまたは→キーを押すことで左右に移動でき，端に到達すると停止するプログラムが完成しているはずである。正しく動作しているか，確認せよ。

次に，ここまでで作成したプログラムに↑キーを押すことで自キャラがジャンプできるような機能を追加する。この機能を実装すると自キャラは図 11.3(a) のような動きをすることができるようになる。

- ジャンプ開始時の y 方向の速度 myDy は上向き（負の値）で −initDy とする。
- ジャンプ開始後，y 方向の速度 myDy には常に下向きに dMoveL (0.06) が加えられる。ただし，myDy の上限は initDy とし，落下速度が initDy を越えないものとする。
- ジャンプ中（もしくは落下中）に両端の壁に衝突すると跳ね返る（図 11.3(b)）。これは，x 方向の速度 myDx の符号を反転させる処理をすでに updateMyCharaX() 内で記述しているので実装されている。

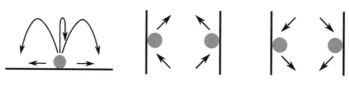

(a) 移動・ジャンプ　　　　(b) 壁との衝突

図 11.3　自キャラの動き

以下の説明に合うように空欄を埋めて，プログラム 11-5〜11-7 を完成させよう。なお，以

11.2 自キャラの基本動作の処理

下のプログラムにおいて、（入力済み）とコメントのある部分や...と記述されている部分はすでに入力されている部分を表す。

【グローバル変数として（追加）】

1. 自キャラのジャンプ時の初速度を表す float 型の変数 initDy を宣言し、3.54 に設定する。

【moveMyChara() の中で（追加）】

2. 自キャラの y 座標の更新を行う関数 updateMyCharaY() を呼び出す。

―― プログラム 11-5（自キャラジャンプのためのグローバル変数, moveMyChara() への追加）――

```
1   ...
2   float moveL = 1.0;   // キーボード操作によるx座標の変化量（入力済み）
3   // 処理 1（グローバル変数の追加）
4   float initDy = 3.54; // 自キャラのジャンプ時の初速度
5
6   ...
7
8   // 自キャラの移動を行う関数
9   void moveMyChara(){
10    ...
11    updateMyCharaX(); // （入力済み）
12    // 処理 2 (updateMyCharaY()の呼び出し)
13    updateMyCharaY(); // 自キャラのy座標の更新を行うupdateMyCharaY()の呼び出し
14    drawMyChara();    // （入力済み）
15  }
16
17  ...
```

【myCharaKey() の中で（追加）】

↑キーが押されていたら以下の処理を行う。

・ mode をジャンプモード (1) に設定する。

・ 自キャラの y 方向の移動速度 myDy を −initDy に設定する。

―― プログラム 11-6（myCharaKey() への追加）――

```
1   ...
2
3   // 自キャラのキーボードによる操作を行う関数
4   void myCharaKey(){
5     ...
6        case ...           // →キーならば（入力済み）
7          ...              // （入力済み）
8        break;             // （入力済み）
9        case □□□□:       // ↑キーならば
10         □□□□;          // modeをジャンプモード(1)に設定
11         □□□□;          // 自キャラのy方向の移動速度myDyを-initDyに設定
```

```
12            break;
13            ...
14      }
15
16   ...
```

【updateMyCharaY() の中で（新規）】

1. 自キャラの y 方向の更新量の変化分を表す float 型の変数 dMoveL を宣言し，0.06 に設定する．

2. ジャンプモード（mode が 1）ならば，以下の処理を行う．
   - 自キャラの y 方向の変化量 myDy が initDy 未満ならば自キャラの y 方向の変化量 myDy を dMoveL だけ増やす．
   - 自キャラがウィンドウの下端に到達したら（myY が height−r より大きくなったら），以下の処理を行う．
     - mode を通常モード（0）に設定する．
     - 自キャラの方向の変化量 myDy を 0 に設定し，移動を停止する．
     - 自キャラの y 座標 myY を下端に接した位置（height−r）に設定する．

3. 自キャラの y 座標 myY を y 方向の変化量 myDy だけ更新する（自キャラが移動する）．

―――――――― プログラム 11-7（updateMyCharaY() の作成）――――――――

```
1   ...
2
3   // 自キャラのy座標の更新を行う関数
4   void updateMyCharaY(){
5     // 処理 1 (dMoveLの宣言)
6     float dMoveL = 0.06; // 自キャラのy方向の更新量の変化分dMoveLを0.06に設定
7     // 処理 2 (ジャンプモードのときの処理)
8     if(□□□□□□□){     // ジャンプモード(modeが1)なら
9       if(□□□□□□□){    // 自キャラのy方向の変化量myDyがinitDy未満ならば
10        □□□□□□□;      // 自キャラのy方向の変化量myDyをdMoveLだけ増やす
11      }
12      if(□□□□□□□){    // 自キャラがウィンドウの下端に到達したら
13        □□□□□□□;      // modeを通常モード(0)に設定
14        □□□□□□□;      // 自キャラの方向の変化量myDyを0に設定（移動を停止）
15        □□□□□□□;      // 自キャラのy座標myYを下端に接した位置(height-r)に設定
16      }
17      // 処理 3 (自キャラのy座標の更新)
18      □□□□□□□;        // 自キャラのy座標myYをy方向の変化量myDyだけ更新
19    }
20  }
```

図 11.4 に実行結果を示す．

図 11.4 自キャラがジャンプする
プログラムの実行結果

以上の手順にしたがって空欄をすべて埋めると，自キャラが↑キーを押すことでジャンプできるプログラムが完成しているはずである．正しく動作しているか，確認せよ．

11.3 床に関する処理

作成するゲームでは，画面内を左右方向に常に一定速度で移動し続ける八つの動く床を考える．自キャラはこの動く床の上にジャンプして乗るということを繰り返すことで，画面の一番上に到達することを目指すことになる．

(1) サイズ・形状

床は太さ1の黒い横線で表現し，横幅の半分の長さ（floorHalfW[i]）は30〜60の範囲でゲームの開始時にランダムに決定する．

(2) 移動範囲・初期位置

八つの床は，縦方向に均等な間隔で配置する．作成するゲームのウィンドウサイズは600×600とするため，床と床の間隔は height/(floorNum+1) (=600/(8+1)) となる．ここで，floorNum は床の数を表す変数であり，8に設定される．

i番目（i=0,1,…,7）の床（床i）の中心のy座標 floorY[i] は

(height/(floorNum+1))*(i+1)

のように表すことができる．

床のx座標の初期値は，**図 11.5** に示すように画面におさまる範囲でゲーム開始時にランダムに決定される．つまり，床iの中心のx座標 floorX[i] は，床iの幅の半分（floorHalfW[i]）〜ウィンドウの幅（width）− 床iの幅の半分（floorHalfW[i]）の範囲でランダムに決定されることになる．

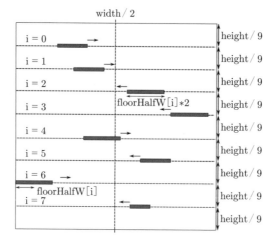

図 11.5 床の配置

(3) 移動速度・移動方向

床の移動速度，つまり 1 フレーム当りの x 方向の変化量（floorDx[i]）は，床ごとにゲームの開始時に 0.3〜0.8 の範囲でランダムに決定し，その速度で移動し続けるものとする。

床の初期位置が画面の中央よりも左側にある場合には右に向かって移動し，画面の中央よりも右側にある場合には左に向かって移動するように移動方向は設定される。つまり，床の初期位置が画面の中央よりも左側にある場合には，床の 1 フレームあたりの x 方向の変化量（floorDx[i]）は 0.3〜0.8 の範囲で，画面の中央よりも右側にある場合には −0.8〜−0.3 の範囲で決定されることになる。それぞれの床は移動範囲の端に到達すると，移動方向が左右反転する。つまり，floorDx[i] は floorDx[i] を −1 倍した値に変更されることになる。

以下の説明に合うように空欄を埋めて，プログラム 11-8〜11-18 を作成しよう。

【グローバル変数として（追加）】

床に関するグローバル変数として，床の数を表す int 型の変数 floorNum（値は 8 に設定）や，float 型で要素数が floorNum の 4 種類の配列変数（床の中央の x 座標を表す floorX，中央の y 座標を表す floorY，x 方向の変化量を表す floorDx，床の幅の半分を表す floorHalfW）を宣言する。

プログラム 11-8（動く床のためのグローバル変数の追加）

```
1   ...
2
3   // 動く床に関するグローバル変数
4   int floorNum = 8;      // 床の数
5   float [] floorX = new float[floorNum];    // 床のx座標
6   float [] floorY = new float[floorNum];    // 床のy座標
7   float [] floorDx = new float[floorNum];   // 床のx方向の変化量
```

11.3 床に関する処理

```
 8    float [] floorHalfW = new float[floorNum]; // 床の幅の半分の長さ
 9
10    ...
```

【setup() の中で（追加）】

1. 床の初期設定を行う関数 setupFloor() を呼び出す。

【draw() の中で（追加）】

2. 床の移動を行う関数 moveFloor() を呼び出す。

───── プログラム 11-9（動く床のための setup(), draw() への追加）─────

```
 1  ...
 2
 3  // setup()関数
 4  void setup(){
 5    ...
 6    setupMyChara(); // 自キャラの初期設定を行う...（入力済み）
 7    // 処理 1 (setupFloor()の呼び出し)
 8    setupFloor();   // 床の初期設定を行うsetupFloor()の呼び出し
 9  }
10
11  // draw()関数
12  void draw(){
13    ...            // 背景色を255(白)に設定（入力済み）
14    // 処理 2 (moveFloor()の呼び出し)
15    moveFloor(); // 床の移動を行うmoveFloor()の呼び出し
16    ...
17  }
18
19  ...
```

【setupFloor() の中で（新規）】

すべての床について以下の設定を行う。

- 床 i の幅の半分 floorHalfW[i] を 30〜60 のランダムな値に設定する。
- 床 i の x 座標 floorX[i] を床 i の幅の半分（floorHalfW[i]）〜画面の横幅（width）− 床 i の幅の半分（floorHalfW[i]）の範囲でランダムに決定する。
- 床 i の x 座標 floorX[i] が画面中央（width/2）よりも左にあったら，床 i の方向の変化量 floorDx[i] を 0.3〜0.8 のランダムな値に設定する。それ以外の場合は（床 i の中央の x 座標 floorX[i] が画面中央（width/2）もしくは画面中央より右側にあったら），床 i の x 方向の変化量 floorDx[i] を −0.8〜−0.3 のランダムな値に設定する。
- 床の中央の y 座標をウィンドウの高さを（floorNum+1）等分した位置に設定

する。床 i の中央の y 座標 floorY[i] は height/(floorNum+1)*(i+1) となる。

───── プログラム 11-10（setupFloor() の作成）─────

```
1   ...
2   // 床の初期設定を行う関数
3   void setupFloor(){
4     for(int i = 0; i < floorNum; i++){ // すべての床に対して
5       floorHalfW[i] = random([          ], [          ]);
6               // 床iの幅の半分floorHalfW[i]を30～60の範囲でランダムに決定
7       floorX[i] = random([          ], [          ]);
8               // 床ix座標floorX[i]をウィンドウにおさまる範囲でランダムに決定
9       if(floorX[i] < [          ]){
10              // 床ix座標floorX[i]がウィンドウの中央より左にあれば
11        floorDx[i] = random([          ], [          ]);
12              // 床ix方向の変化量floorDx[i]を0.3～0.8の範囲でランダムに決定
13      }else{   // それ以外の場合は
14        floorDx[i] = -random([          ], [          ]);
15              // 床iの方向の変化量floorDx[i]を-0.8～-0.3の範囲でランダムに決定
16      }
17      floorY[i] = height/(floorNum+1)*(i+1);
18              // 床iのy座標floorY[i]をウィンドウの高さを(floorNum+1)等分した位置に設定
19    }
20  }
```

【moveFloor() の中で（新規）】

すべての床について以下の設定を行う。

- 床 i が左端もしくは右端に到達したら，床 i の x 方向の変化量 floorDx[i] の符号を反転する。
- 床 i の x 座標 floorX[i] を x 方向の変化量 floorDx[i] だけ更新する。
- 線の色を黒に設定する。
- 線の太さを 1 に設定する。
- (floorX[i], floorY[i]) が中心となるような floorHalfW[i]*2 の長さの直線を描画する。線の左端の点の座標は (floorX[i]−floorHalfW[i], floorY[i])，線の右端の点の座標は (floorX[i]+floorHalfW[i], floorY[i]) となる。

───── プログラム 11-11（moveFloor() の作成）─────

```
1   ...
2
3   // 床の移動を行う関数
4   void moveFloor(){
5     for(int i = 0; i < floorNum; i++){ // すべての床に対して
6       if(floorX[i] < [          ] || [          ] < floorX[i]){
7                    // 床iが左端もしくは右端に到達したら
8         [          ]; // 床ix方向の変化量floorDx[i]の符号を反転
```

11.3 床に関する処理

```
 9      }
10      ⬜⬜⬜⬜⬜; // 床iのx座標floorX[i]をx方向の変化量floorDx[i]だけ更新
11      stroke(0);       // 線の色を黒に設定
12      strokeWeight(1); // 線の太さを1に設定
13      line(⬜⬜⬜, ⬜⬜⬜, ⬜⬜⬜, ⬜⬜⬜);
14               // (floorX[i], floorY[i])が中心となるような
15               // floorHalfW[i]*2の長さの直線を描画
16    }
17  }
```

図 **11.6** に実行結果を示す。

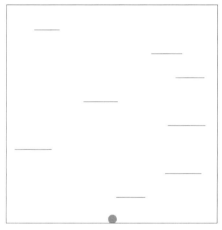

図 **11.6** 動く床が追加されたプログラムの実行結果

以上の手順にしたがって空欄をすべて埋めると，八つの床が左右に移動するようなプログラムが完成しているはずである。正しく動作しているか，確認せよ。なお，この時点では，自キャラと床との関係は記述していないため，自キャラと床が衝突しても何も起こらない。

次に，床と自キャラの衝突に関する処理を以下のように記述していく。

- 自キャラがジャンプし，降下することで床の上に到達した場合は，自キャラはその床の上に乗った状態となり（**図 11.7**(a)），床の上に乗っている状態の自キャラはその床と同じ速度で同じ方向に移動することになる。なお，床の上にいるときに←キーや→キーを押すと床の上で左右に移動することになる。つまり，床の上にいる自キャラのx方向の変化量は乗っている床のx方向の変化量と自キャラのキー入力による操作によるx方向の変化量を合わせたものとなる（図 11.7(d)）。

- ジャンプによって上方向に移動中に動く床の下側に衝突すると，自キャラは反射するような方向に移動することになる。つまり，自キャラのy方向の変化量の符号が反転することになる（図 11.7(b)）。

- 自キャラが床の上にいるときに←キーや→キーで左右に移動することによって床のない位置に移動した場合には落下することになる。この場合には，落下した時点で自キャラのy方向の変化量myDyは0.0に設定され，modeはジャンプモード (1) として扱われることになる（図11.7(c)）。
- 自キャラが床に乗っているときにジャンプした場合のx方向の変化量は，キー入力による自キャラのx方向の変化量と床のx方向の変化量を加えたものとなる（図11.7(d)）。
- 自キャラが画面の一番上に到達したら，ゲームクリアとなる。ゲームがクリアされた場合には，画面の中央に黒色で "Congratulations" と祝福のメッセージを表示し，プログラムを停止する。

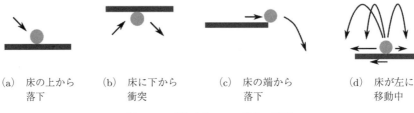

(a) 床の上から落下　(b) 床に下から衝突　(c) 床の端から落下　(d) 床が左に移動中

図 11.7　床と自キャラの動きの関係

【グローバル変数として（追加）】

1. 自キャラに関するグローバル変数の最後に，自キャラがいる場所を表すint型の変数 onTheFloor を追加する。onTheFloor は 0〜7 であればその番号の床の上にいること，−1 であればそれ以外（空中もしくは最下部）にいることを意味する。

【setupMyChara() の中で（追加）】

2. onTheFloor を床の上にいない状態 (−1) に設定する。

【moveMyChara() の中で（追加）】

3. 自キャラの床への衝突判定を行う関数を呼び出す。
   - 自キャラの床への下からの衝突判定を行う関数 detectCollisionBottom() を呼び出す。
   - 自キャラの床への上からの衝突判定を行う関数 detectCollisionTop() を呼び出す。

―――― プログラム 11-12（床と自キャラの衝突処理のための関数への追加 (1)）――――

```
1  ...
2  //  処理 1（グローバル変数の追加）
3  int onTheFloor;      // 自キャラがいる場所
4                       // 0〜7：その番号の床の上 -1：それ以外
5
6  //  動く床に関するグローバル変数（入力済み）
```

11.3 床に関する処理

```
 7  ...
 8
 9  // 自キャラの初期設定を行う関数
10  void setupMyChara(){
11    ...
12    // 処理 2 (onTheFloorの初期化)
13    onTheFloor = -1; // onTheFloorを床の上にいない状態(-1)に設定
14  }
15
16  // 自キャラの移動を行う関数
17  void moveMyChara(){
18    ...
19    updateMyCharaY();          // 自キャラのy座標の更新を行う ... (入力済み)
20    // 処理 3 (自キャラの床へ衝突判定を行う関数の呼び出し)
21    detectCollisionBottom();   // 自キャラの床への下からの衝突判定を行う
22                               // detectCollisionBottom()の呼び出し
23    detectCollisionTop();      // 自キャラの床への上からの衝突判定を行う
24                               // detectCollisionTop()の呼び出し
25    drawMyChara();             // 自キャラの表示を行う ... (入力済み)
26  }
27
28  ...
```

【myCharaKey() の中で (追加)】

↑キーが押されたときに行う処理に以下のものを追加する。

・onTheFloor を床の上にいない状態 (−1) に設定する。

───── プログラム 11-13 (床と自キャラの衝突処理のための関数への追加 (2)) ─────

```
 1  ...
 2
 3  // 自キャラのキーボードによる操作を行う関数
 4  void myCharaKey(){
 5    ...
 6        case ...        // ↑キーならば (入力済み)
 7          ...           // modeをジャンプモード(1)に設定 (入力済み)
 8          ...           // 自キャラのy方向の移動速度myDyを ... (入力済み)
 9          [          ]; // onTheFloorを床の上にいない状態(-1)に設定
10          break;        // (入力済み)
11    ...
12  }
13
14  ...
```

【updateMyCharaX() の中で (追加)】

updateMyCharaX() の先頭部分に自キャラがいずれかの床に乗っている場合の処理を追加する。

- 自キャラがいずれかの床に乗っていたら（onTheFloor が 0 以上ならば），以下の処理を行う．
    - 自キャラの x 方向の変化量 myDx に乗っている床の x 方向の変化量 floorDx[onTheFloor] を加算する．自キャラは乗っている床と一緒に移動できるようになる．
    - 自キャラが乗っている床から離れたら，以下の処理を行う．自キャラが乗っている床から離れたかどうかは，自キャラと乗っている床の中心との距離 abs(myX−floorX [onTheFloor]) がその床の幅の半分の長さ floorHalfW[onTheFloor] より大きくなったかどうかで判断できる．なお，関数 abs(x) は x の絶対値を返す関数である．
        - onTheFloor を床の上にいない状態（−1）に設定する．
        - 自キャラの y 方向の変化量 myDy を 0 に設定する．
        - mode をジャンプモード（1）に設定する．

―― プログラム 11-14（床と自キャラの衝突処理のための関数への追加 (3)）――

```
 1    ...
 2
 3    // 自キャラのx座標の更新を行う関数
 4    void updateMyCharaX(){
 5      if(onTheFloor >= ▢){
 6                   // 自キャラがいずれかの床に乗っていたら(onTheFloorが0以上ならば)
 7        myDx += floorDx[onTheFloor]; // 自キャラのx方向の変化量myDxに乗っている床
 8                                     // のx方向の変化量floorDx[onTheFloor]を加算
 9        if(abs(myX-floorX[onTheFloor]) > ▢){
10          // 自キャラが乗っている床から離れたら
11          //（自キャラと乗っている床の中心との距離abs(myX-floorX[onTheFloor])が
12          // その床の幅の半分の長さfloorHalfW[onTheFloor]より大きくなったら）
13          onTheFloor = ▢;  // onTheFloorを床の上にいない状態(-1)に設定
14          ▢;                // 自キャラのy方向の変化量を0に設定
15          ▢;                // modeをジャンプモード(1)に設定
16        }
17      }
18      ...
19    }
```

【updateMyCharaY() の中で（追加）】

updateMyCharaY() で自キャラがウィンドウの下端に到達したときの処理を記述している部分の後ろで else if で自キャラがウィンドウの上端に到達したかをチェックし，到達した場合には以下の処理を行うようにする．

- 文字の色を黒に設定する．

11.3 床に関する処理

- ウィンドウの中央に "Congratulations" と表示する。
- 繰り返しを中止する（noLoop()）。

プログラム 11-15（床と自キャラの衝突処理のための関数への追加 (4)）

```
1   ...
2
3   // 自キャラのy座標を更新する関数
4   void updateMyCharaY(){
5     ...
6     if(...){  // 自キャラがウィンドウの下端に ... （入力済み）
7       ...    // modeを通常モード(0)に設定（入力済み）
8       ...    // 自キャラの方向の変化量myDyを ... （入力済み）
9       ...    // 自キャラのy座標myYが下端に ... （入力済み）
10    }else if(_____){  // 自キャラがウィンドウの上端に到達したら
11      fill(0);             // 文字の色を黒に設定
12      text(_____);    // ウィンドウの中央にCongratulationsと表示
13      noLoop();            // 繰り返しを中止
14    }
15    ...  // 自キャラのy座標myYをy方向の変化量myDyだけ更新（入力済み）
16  }  // （入力済み）
17  }
18
19  ...
```

【detectCollisionBottom() の中で（新規）】

自キャラの床への下からの衝突判定を行う関数 detectCollisionBottom() の中で、ジャンプモード（mode が 1）であり、自キャラの y 方向の変化量 myDy が負（上昇中）ならば、各床に対して以下の処理を行う。

- 床 i と自キャラが衝突していたら、以下の処理を行う。床 i と自キャラが衝突しているかはプログラム 11-18 で作成する関数 checkCollisionFloor() を用いて行う。関数 checkCollisionFloor() は checkCollisionFloor(i) のように引数として床の番号を与えると自キャラと床 i が衝突していれば true を、衝突していなければ false を返す。
    - 自キャラの y 座標 myY を床 i の下（floorY[i]+r+1）に設定する。
    - 自キャラの y 方向の変化量 myDy の符号を反転する。

プログラム 11-16（床と自キャラの衝突処理のための detectCollisionBottom() の作成）

```
1   // 自キャラの床への下からの衝突判定を行う関数
2   void detectCollisionBottom(){
3     if(mode == 1 && myDy < 0){  // ジャンプモード(modeが1)であり、
4                                 // 自キャラのy方向の変化量myDyが負(上昇中)ならば
5       for(int i = 0; i < floorNum; i++){  // 各床に対して
6         if(checkCollisionFloor(i)){  // 床iと自キャラが衝突していたら
```

```
  7              myY = floorY[i] + r + 1;
  8                              // 自キャラのy座標myYを床iの下(floorY[i]+r+1)に設定
  9         [            ] ;     // 自キャラのy方向の変化量myDyの符号を反転
 10       }
 11     }
 12   }
 13 }
```

【detectCollisionTop() の中で（新規）】

自キャラの床への上からの衝突判定を行う関数 detectCollisionTop() の中で，ジャンプモード（mode が 1）であり，自キャラの y 方向の変化量 myDy が正（下降中）ならば，各床に以下の処理を行う。

- 床 i と自キャラが衝突していたら，以下の処理を行う。
    - onTheFloor を i に設定する。
    - 自キャラの y 座標 myY を床 i の上（floorY[i]−r−1）に設定する。
    - 自キャラの y 方向の変化量を 0 に設定する（移動を停止する）。
    - mode を通常モード（0）に設定する。

プログラム 11-17（床と自キャラの衝突処理のための detectCollisionTop() の作成）

```
 1  // 自キャラの床への上からの衝突判定を行う関数
 2  void detectCollisionTop(){
 3    if(mode == 1 && myDy > 0){ // ジャンプモード(modeが1)であり，
 4                               // 自キャラのy方向の変化量myDyが正(下降中)ならば
 5      for(int i = 0; i < floorNum; i++){ // 各床に対して
 6        if(checkCollisionFloor(i)){ // 床iと自キャラが衝突していたら
 7          [            ] ;       // onTheFloorをiに設定
 8          myY = floorY[i] - r - 1;
 9                                 // 自キャラのy座標myYを床iの上(floorY[i]-r-1)に設定
10          [            ] ;       // 自キャラのy方向の変化量を0に設定（移動を停止)
11          [            ] ;       // modeを通常モード(0)に設定
12        }
13      }
14    }
15  }
```

【checkCollisionFloor() の中で（新規）】

checkCollisionFloor() は，引数として床の番号を表す int 型の値が指定されると，int 型の変数 fn として受け取る。戻り値としては，自キャラと床 fn が衝突していれば true，衝突していなければ false を返す。

1. 床 fn と自キャラが衝突していれば，true を返す。床 fn と自キャラが衝突しているかどうかは，床 fn と自キャラの y 座標の距離が自キャラの半径 r 以下，かつ床 fn と自

キャラのx座標の距離が床fnの幅の半分floorHalfW[fn]以下であるかどうかで調べることができる。

2. 床fnと自キャラが衝突していなければ，falseを返す。

―― プログラム 11-18（床と自キャラの衝突処理のためのcheckCollisionFloor()の作成）――

```
1   // 床fnとの衝突判定を行う関数
2   boolean checkCollisionFloor(int fn){
3     // 処理 1 (衝突している場合)
4     if(abs(floorY[fn] - myY) <= r && abs(floorX[fn]-myX) <= floorHalfW[fn]){
5       // 床fnと自キャラのy座標の距離が自キャラの半径r以下
6       // かつ床fnと自キャラのx座標の距離が床fnの幅の半分floorHalfW[fn]以下ならば
7       return true; // trueを返す
8     }
9     // 処理 2 (衝突していない場合)
10    else{ // それ以外ならば
11      return false; // falseを返す
12    }
13  }
```

図 11.8 に実行結果を示す。

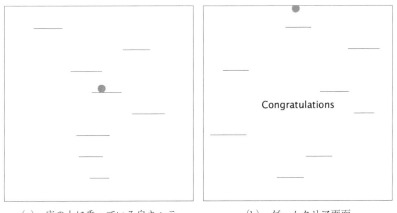

(a) 床の上に乗っている自キャラ　　　　(b) ゲームクリア画面

図 11.8　床と自キャラの衝突処理を行うプログラムの実行結果

以上の手順にしたがって空欄をすべて埋めると，自キャラが床に乗ったり，下から床にぶつかると跳ね返ったりするようなプログラムが完成しているはずである。正しく動作しているか，確認せよ。

11.4　敵キャラに関する処理

作成するゲームでは，画面内を左右方向に常に一定速度で移動し続ける床の数と同じ数 (8)

の敵キャラを考える。自キャラが敵キャラにぶつかるとゲームオーバーとなる。また，'r' キーを押すことで，ゲームを新しく始めることができるような機能も追加する。

（1）サイズ・形状

敵キャラは半径が r の赤い円で表される。

（2）移動範囲・初期位置

八つの敵は，八つの床の上側に接するような位置に配置される。つまり，床の中心の y 座標よりも敵キャラの半径 r だけ上の座標が敵キャラの中心の y 座標となる。i 番目（i=0,1,⋯,7）の敵キャラ（敵 i）の中心の y 座標 enemyY[i] は floorX[i]−r のように表すことができる。

敵キャラは，画面の左右の端に接する位置まで移動することができる。敵キャラの初期位置はこの範囲におさまるようにゲーム開始時にランダムに決定される。つまり，敵キャラ i の x 座標 enemyX[i] は敵キャラの半径（r）～ウィンドウの幅（width）− 敵キャラの半径（r）の範囲でランダムに決定されることになる。

（3）移動速度・移動方向

敵キャラの移動速度，つまり 1 フレームあたりの x 方向の変化量（enemyDx[i]）は，敵キャラごとにゲームの開始時に 0.3～0.8 の範囲でランダムに決定し，その速度で移動し続けるものとする。

敵キャラの初期位置が画面の中央よりも左側にある場合には右に向かって移動し，画面の中央よりも右側にある場合には左に向かって移動するように移動方向は設定される（**図 11.9**）。つまり，敵キャラの初期位置が画面の中央よりも左側にある場合には，敵キャラの x 方向の変化量（enemyDx[i]）は 0.3～0.8 の範囲で，画面の中央よりも右側にある場合には −0.8～−0.3 の範囲で決定されることになる。それぞれの敵キャラは画面の端に到達すると，移動方向が左右反転する。つまり，enemyDx[i] は enemyDx[i] を −1 倍した値に変更されることになる。

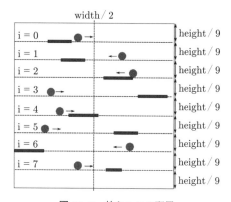

図 **11.9** 敵キャラの配置

11.4 敵キャラに関する処理

以下の説明に合うように空欄を埋めて，プログラム 11-19～11-23 を作成しよう．

【グローバル変数として（追加）】

1. 敵キャラに関するグローバル変数として以下のような変数を宣言する．
   - 敵キャラの数を表す int 型の変数 enemyNum を宣言し，床の数（floorNum）に設定する．
   - 要素数が enemyNum の敵キャラの中央の x 座標を表す float 型の配列 enemyX を宣言する．
   - 要素数が enemyNum の敵キャラの中央の y 座標を表す float 型の配列 enemyY を宣言する．
   - 要素数が enemyNum の敵キャラの x 方向の変化量を表す float 型の配列 enemyDx を宣言する．

【setup() 関数の中で（追加）】

2. setup() 関数の最後で，敵の初期設定を行う関数 setupEnemy() を呼び出す．

【draw() 関数の中で（追加）】

3. draw() 関数の最後に以下のように追加を行う．
   - 敵の移動を行う関数 moveEnemy() を呼び出す．
   - 衝突判定を行う関数 detectCollisionEnemy() を呼び出す．

プログラム 11-19（敵キャラのためのグローバル変数，setup(), draw() への追加）

```
1   ...
2   float [] floorHalfW = new float[floorNum]; // 床の幅の半分の長さ（入力済み）
3
4   // 処理 1 (敵に関するグローバル変数)
5   int enemyNum = floorNum;                   // 敵の数
6   float [] enemyX = new float[enemyNum];     // 敵のx座標
7   float [] enemyY = new float[enemyNum];     // 敵のy座標
8   float [] enemyDx = new float[enemyNum];    // 敵のx方向の変化量
9
10  // setup()関数
11  void setup(){
12    ...
13    // 処理 2 (setupEnemy()の呼び出し)
14    setupEnemy();    // 敵の初期設定を行うsetupEnemy()の呼び出し
15  }
16
17  // draw()関数
18  void draw(){
19    ...
20    // 処理 3 (敵に関する関数の呼び出し)
21    moveEnemy();              // 敵の移動を行うmoveEnemy()の呼び出し
22    detectCollisionEnemy();   // 衝突判定を行うdetectCollisionEnemy()の呼び出し
23  }
```

```
24
25    ...
```

【setupEnemy() の中で（新規）】

すべての敵に対して以下の処理を行う。

- 敵 i の x 座標 enemyX[i] をウィンドウにおさまる範囲（敵キャラの半径（r）～ウィンドウの幅（width）− 敵キャラの半径（r））でランダムに決定する。
- 敵 i の x 座標 enemyX[i] がウィンドウの中央より左にあれば，敵 i の x 方向の変化量 enemyDx[i] を 0.3～0.8 の範囲でランダムに決定する。それ以外の場合は（敵 i の x 座標 enemyX[i] がウィンドウの中央もしくはウィンドウの中央より右にあれば），敵 i の x 方向の変化量 enemyDx[i] を −0.8～−0.3 の範囲でランダムに決定する。
- 敵 i の y 座標 enemyY[i] を床 i の上（floorY[i]−r）に設定する。

───── プログラム 11-20（敵キャラのための setupEnemy() の作成）─────

```
1   ...
2
3   // 敵の初期設定を行う関数
4   void setupEnemy(){
5     for(int i = 0; i < enemyNum; i++){ // すべての敵に対して
6       [           ]; // 敵iのx座標enemyX[i]をウィンドウにおさまる
7                      // 範囲でランダムに決定
8       if([           ]){ // 敵iのx座標enemyX[i]がウィンドウの中央より左にあれば
9         enemyDx[i] = [           ]; // 敵iのx方向の変化量enemyDx[i]を
10                                    // 0.3～0.8の範囲でランダムに決定
11      }else{            // それ以外の場合は
12        enemyDx[i] = [           ]; // 敵iのx方向の変化量enemyDx[i]を
13                                    // -0.8～-0.3の範囲でランダムに決定
14      }
15      enemyY[i] = floorY[i]-r;
16                         // 敵iのy座標enemyY[i]を床iの上(floorY[i]-r)に設定
17    }
18  }
```

【moveEnemy() の中で（新規）】

すべての敵に対して以下の処理を行う。

- 敵 i が左端または右端に到達したら敵 i の x 方向の変化量 enemyDx[i] の符号を反転する。
- 敵 i の x 座標 enemyX[i] を x 方向の変化量 enemyDx[i] だけ更新する。
- 輪郭線の色と塗りつぶし色を赤に設定する。

11.4 敵キャラに関する処理

- (enemyX[i], enemyY[i]) を中心とする半径 r（直径 r*2）の円を描画する。

プログラム 11-21（敵移動のための moveEnemy() の作成）

```
1   ...
2
3   // 敵の移動を行う関数
4   void moveEnemy(){
5     for(int i = 0; i < enemyNum; i++){ // すべての敵に対して
6       if(□□□□□□ || □□□□□□){
7                                  // 敵iが左端または右端に到達したら
8         □□□□□□; // 敵iのx方向の変化量enemyDx[i]の符号を反転
9       }
10      □□□□□□; // 敵iのx座標enemyX[i]をx方向の変化量enemyDx[i]だけ更新
11      □□□□□□; // 輪郭線の色を赤に設定
12      □□□□□□; // 塗りつぶし色を赤に設定
13      □□□□□□; // (enemyX[i], enemyY[i])を中心とする直径r*2の円を描画
14    }
15  }
```

【detectCollisionEnemy() の中で（新規）】

すべての敵に対して以下の処理を行う。

- 敵 i と自キャラの距離を表す float 型の変数 d を宣言し，関数 dist() を利用して値を求める。関数 dist() では，dist(x1, y1, x2, y2) のように記述すると 2 点 (x1, y1) と (x2, y2) の距離を求めることができる。ここでは，敵 i (enemyX[i], enemyY[i]) と自キャラ (myX, myY) との距離を求める。
- 敵 i と自キャラが衝突していたら，つまり敵 i と自キャラの距離 d が r*2 以下（図 11.10）ならば，以下の処理を行う。
  - 文字の色を黒に設定する。
  - 繰り返しを停止する（noLoop()）。

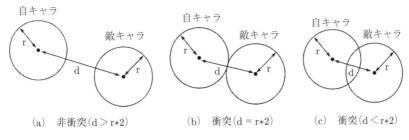

図 11.10　敵キャラと自キャラの衝突判定

11. つくってみよう：アクションゲーム

プログラム 11-22（敵との衝突判定ための detectCollisionEnemy() の作成）

```
1   ...
2
3   // 敵との衝突判定を行う関数
4   void detectCollisionEnemy(){
5     for(int i = 0; i < enemyNum; i++){ // すべての敵に対して
6       float d = [            ];  // 敵iと自キャラの距離dを計算
7       if([            ]){        // 距離dがr*2以下なら
8         [            ];          // 文字の色を黒に設定
9         [            ];          // ウィンドウの中央にGame Overと表示
10        noLoop();                // 繰り返しを停止
11      }
12    }
13  }
```

【keyPressed() の中で（新規）】

'r' キーが押されたら，以下の処理を行う。

・自キャラの初期設定を行う関数 setupMyChara() を呼び出す。
・床の初期設定を行う関数 setupFloor() を呼び出す。
・敵の初期設定を行う関数 setupEnemy() を呼び出す。
・繰り返しを再開する（loop()）。

プログラム 11-23（keyPressed() の作成（'r' キーが押されたときのリプレイ機能の追加））

```
1   ...
2
3   // keyPressed()関数
4   void keyPressed(){
5     if([            ]){ // 'r'が押されたら
6       [            ];  // 自キャラの初期設定を行うsetupMyChara()の呼び出し
7       [            ];  // 床の初期設定を行うsetupFloor()の呼び出し
8       [            ];  // 敵の初期設定を行うsetupEnemy()の呼び出し
9       loop();          // 繰り返しを再開
10    }
11  }
```

自キャラの移動のためのキー入力処理のように，各フレームにて随時押されたキーの判断が必要な場合には，通常は draw() 関数の中で keyPressed 変数を参照するようにする。一方，上記のリプレイ機能の実装のように，1回だけ入力受付ができればよいようなキー入力処理については，keyPressed() 関数を用いるのが一般的である。

以上の手順にしたがって空欄をすべて埋めると，敵キャラも含めて動作し，自キャラが敵キャラにぶつかるとゲームオーバーになるようなプログラムが完成しているはずである（図

11.11）。正しく動作しているか，確認せよ。

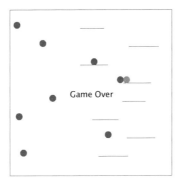

図 11.11 敵キャラの加わったプログラムの実行画面（ゲームオーバー画面）

本章のプログラムで作成した関数の一覧を表 11.1 に示す。

表 11.1 作成した関数の一覧

戻り値の型	関数名	機　　能
void	setupMychara()	自キャラの初期設定
void	setupFloor()	床の初期設定
void	setupEnemy()	敵の初期設定
void	moveFloor()	床の移動
void	moveEnemy()	敵の移動
void	moveMyChara()	自キャラの移動
void	myCharaKey()	自キャラを動かすためのキー入力受付
void	updateMyCharaX()	自キャラの x 座標の更新
void	updateMyCharaY()	自キャラの y 座標の更新
void	detectCollisionBottom()	自キャラの床への下からの衝突判定
void	detectCollisionTop()	自キャラの床への上からの衝突判定
void	detectCollisionEnemy()	自キャラと敵の衝突判定
void	drawMyChara()	自キャラの表示
boolean	checkCollisionFloor(int fn)	自キャラと床 fn との衝突判定

12 つくってみよう：迷路

ここでは，迷路をテーマにしたプログラムを作成する．まず，乱数を用いて迷路を作成・表示するプログラムを作成する．それを用いて，キーボードやマウスでコマを動かし，スタート地点からゴールまで迷路中を進めていくゲームを作成する．続いて迷路を自動的に解いて，自動的にゴールまでたどり着く機能をプログラムに追加する．さらに，立体的な表示（3次元（3D）グラフィクス）にも挑戦する．

12.1 迷路の設定・表示

まずはじめに，迷路の設定や表示を行うプログラムを作成する．今回作成するプログラムでは，迷路は周囲を壁で囲まれており，迷路の大きさ（マスの数）は縦横ともに奇数であるものとする．

12.1.1 盤の作成

はじめに，グローバル変数を宣言し，盤の作成を行う関数 makeBoard() の作成を行う．関数 makeBoard() では，迷路の横と縦の大きさ，道や壁の幅を引数として指定し，盤の作成を行う．以下の説明に合うように空欄を埋めてプログラム 12-1 を作成しよう．

【グローバル変数として】
1. グローバル変数として以下のように変数を宣言する．
   - 盤の横と縦の大きさを表す int 型の変数 boardX, boardY を宣言する．
   - 道や壁の幅を表す int 型の変数 roadW を宣言する．
   - 盤の情報を記憶するための int 型の 2 次元配列 roadMap を宣言する．

【関数 makeBoard() として】
2. 引数として指定された迷路の大きさ (x, y) を利用して盤の大きさ (boardX, boardY) を決定する．盤は迷路の上下左右に 2 マス分ずつ大きくとるものとし，盤の大きさは迷路の大きさよりも 4 大きくなるように設定する．
3. 引数 w の値を道や壁の幅 roadW に代入する．
4. int 型の 2 次元配列 roadMap の配列要素の確保を行う．配列のサイズは boardX×boardY とする．

12.1 迷路の設定・表示

プログラム 12-1（グローバル変数の宣言と盤の作成）

```
1   // 処理 1 (グローバル変数の宣言)
2   [          ] boardX;  // 盤の横の大きさ (マスの数)
3   [          ] boardY;  // 盤の縦の大きさ (マスの数)
4   [          ] roadW;   // 道や壁の幅
5   [          ] roadMap; // 盤の情報
6
7   void makeBoard(int x, int y, int w){
8     // 処理 2 (盤の大きさの設定)
9     [          ]; // 盤の横の大きさ(boardX)を迷路の横の大きさ(x)に基づいて設定
10    [          ]; // 盤の縦の大きさ(boardY)を迷路の縦の大きさ(y)に基づいて設定
11    // 処理 3 (道や壁の幅の設定)
12    [          ]; // 道や壁の幅(roadW)をwに設定
13    // 処理 4 (配列要素の確保)
14    roadMap = [          ]; // boardX×boardYのint型の2次元配列の配列要素を確保
15  }
```

12.1.2 盤の初期化

迷路の初期化を行う関数 initMaze() を作成する。この関数では，盤の (x, y) の位置が道ならばroadMap[x][y] を 0 に，壁ならばroadMap[x][y] を 1 に設定する。また，スタート地点を 2，ゴール地点を 3 に設定する。以下の説明に合うように空欄を埋めて盤の初期化を行うプログラム 12-2 を作成しよう。なお，以下のプログラムにおいて，... で示した部分はすでに作成した部分を表す。

【initMaze() として】

1. 盤の情報 (roadMap[x][y]) をすべて壁 (1) にする。
2. 外側から 3 マスの部分を除くすべてのマスの盤の情報 (roadMap[x][y]) を道 (0) に設定する。外側から 3 マス以外の部分であるかは「x が 3 以上」かつ「x が boardX−3 未満」かつ「y が 3 以上」かつ「y が boardY−3 未満」を満たすかどうかで判断できる。
3. (2, 3) のマスをスタート (2) に，(boardX−3, boardY−4) のマスをゴール (3) に設定する。

プログラム 12-2（盤の初期化）

```
1   ...
2
3   void initMaze(){
4     // 処理 1 (roadMapを1で初期化)
5     for([          ]){   // xを0からboardX-1まで1ずつ増やす
6       for([          ]){ // yを0からboardY-1まで1ずつ増やす
7         [          ];    // roadMap[x][y]を1に設定
8       }
9     }
```

136   12. つくってみよう：迷路

```
10
11      // 処理 2 (roadMapを0で初期化)
12      for(               ){    // xを3からboardX-4まで1ずつ増やす
13          for(               ){ // yを3からboardY-4まで1ずつ増やす
14              [          ];    // roadMap[x][y]を0に設定
15          }
16      }
17
18      // 処理 3 (スタートとゴールの設定)
19      roadMap[2][3] = [          ];  // (2, 3)のマスをスタート(2)に設定
20      [                 ];           // (boardX-3, boardY-4)のマスをゴール(3)に設定
21  }
```

図 **12.1** は，boardX=17, boardY=13 のときの初期化後の roadMap[x][y] の値である．外側の 2 マスは迷路の外に余計に確保してある部分である．迷路は太線の四角で囲まれた 13×9 マスの部分に作成される．

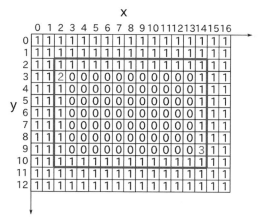

図 **12.1**　初期化後の roadMap[x][y]

12.1.3　盤　の　表　示

盤の表示を行う関数 drawMaze() では，図 **12.2** のように roadMap の値に基づいて迷路の描画を行う．なお，図 12.2 ではわかりやすくするためにマスの境界線を表示しているが，実際のプログラムでは表示されない．関数 drawMaze() では，roadMap の値を参照し，対応する位置に roadW×roadW の大きさの正方形を描画する．なお，関数 initMaze() では，外側の 3 マス分を壁 (1) に設定しているが，描画する際には外側の 2 マス分は壁としては扱わず，何も表示しないようにする．以下の説明に合うように空欄を埋めて盤の表示を行うプログラム 12-3 を作成しよう．

12.1 迷路の設定・表示

【drawMaze() として】

1. 境界線を描画しないように設定し，背景色を明るさ 100 の灰色にする。
2. 外側から 2 マスの部分を除くすべてのマスに対して，盤の情報（roadMap[x][y]）を参照して正方形を描画する。描画する正方形の色は，道 (0) は (100, 0, 0)，壁 (1) は (0, 200, 0)，スタート地点 (2) は (200, 200, 0)，ゴール地点 (3) は (200, 0, 200) とする。

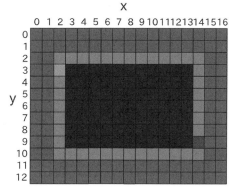

図 12.2 迷路の表示

―――――――― プログラム 12-3（盤の表示）――――――――

```
1   ...
2
3   void drawMaze(){
4     // 処理 1 (枠線を描画しない設定・背景色の設定)
5     [          ];  // 枠線を描画しないように設定
6     [          ];  // 背景を明るさ100の灰色に設定
7
8     // 処理 2 (迷路の描画)
9     for([          ]){   // xを2からboardX-3まで1ずつ増やす
10      for([          ]){  // yを2からboardY-3まで1ずつ増やす
11        if([          ]){        // roadMap[x][y]が道(0)なら
12          [          ];          // 塗りつぶし色を(100, 0, 0)に設定
13        }else if([          ]){  // roadMap[x][y]が壁(1)なら
14          [          ];          // 塗りつぶし色を(0, 200, 0)に設定
15        }else if([          ]){  // roadMap[x][y]がスタート(2)なら
16          [          ];          // 塗りつぶし色を(200, 200, 0)に設定
17        }else if([          ]){  // roadMap[x][y]がゴール(3)なら
18          [          ];          // 塗りつぶし色を(200, 0, 200)に設定
19        }
20        rect([          ]);      // (roadW*x, roadW*y)の位置に
21                                 // roadW×roadWの正方形を描画
22      }
23    }
24  }
```

ここまでで作成した関数をプログラム 12-4 のように setup() や draw() から呼び出し，迷路のサイズが 13×9，道や壁の幅が 46 の迷路盤を描画するプログラムを作成してみよう。

―――――――― プログラム 12-4（ここまでのプログラムの全体）――――――――

```
1   ...
2
```

```
3  void setup(){
4    size(800, 600);     // 800×600のウィンドウを作成
5    makeBoard(13, 9, 46); // 迷路のサイズを13×9，道や壁の幅を46に設定
6    initMaze();         // 迷路の初期化
7  }
8
9  void draw(){
10   drawMaze(); // 迷路を描画
11 }
12
13 void makeBoard(int x, int y, int w){
14   ...
15 }
16
17 ...
```

図 12.3 に実行結果を示す。ここでは，まだ迷路は描かれない。

図 12.3 プログラム 12-4 の実行結果

12.2 簡単な迷路の生成

ここでは，迷路を自動生成するプログラムの作成を行う。'a' キーが押されたら，迷路の外側の壁の上下から交互に壁を伸ばすことで図 12.4 のような迷路を生成する関数 generateMazeUpDown() を作成する。以下の説明にしたがってプログラム 12-5 をこれまでのプログラムに追加しよう。

図 12.4 上下から壁が伸ばされた迷路

【keyPressed() の中で】

1. 'a' キーが押されたら，上下から壁を伸ばす方法で迷路を生成する関数 generateMazeUpDown() を呼び出す。押さ

れたキーの判断には,switch 文を使用する.今後,他のキーで動作させる機能の追加を容易にするためである.

【generateMazeUpDown() の中で】

2. 横方向の位置が 4, 8, 12, ⋯ の場所に,上の壁から下方向に下の壁との間に 1 マス分の道が残る位置まで壁を伸ばしていく.つまり,x が 4, 8, 12, ⋯ の位置の y が 3(上の壁の 1 マス下)から boardY−5(下の壁の 2 マス上)までの roadMap[x][y] の値を壁を表す 1 に設定する.

3. 横方向の位置が 6, 10, 14, ⋯ の場所に,下の壁から上方向に上の壁との間に 1 マス分の道が残る位置まで壁を伸ばしていく.つまり,x が 6, 10, 14, ⋯ の位置の y が boardY−4(下の壁の 1 マス上)から 4(上の壁の 2 マス下)までの roadMap[x][y] の値を壁を表す 1 に設定する.

―――― プログラム 12-5(上下から壁を伸ばす方法)――――

```
1   ...
2
3   void keyPressed(){
4     // 処理 1 (generateMazeUpDown()の呼び出し)
5     switch(key){
6       // 'a'キーが押されたらgenerateMazeUpDown()を呼び出す
7       case 'a' :
8         generateMazeUpDown();
9         break;
10    }
11
12  }
13
14  ...
15
16  // 上下から壁を伸ばす方法による迷路の生成
17  void generateMazeUpDown(){
18    // 処理 2 (上から壁を伸ばす)
19    for(int x = 4; x < boardX-3; x += 4){ // x = 4, 8, 12, ...で
20      for(int y = 3; y < boardY-4; y++){   // y = 3〜boardY-5の範囲を
21        roadMap[x][y] = 1; // (x, y)のマスを壁(1)にする
22      }
23    }
24
25    // 処理 3 (下から壁を伸ばす)
26    for(int x = 6; x < boardX-3; x += 4){ // x = 6, 10, 14, ...で
27      for(int y = boardY-4; y > 3; y--){   // y = 4〜boardY-4の範囲を
28        roadMap[x][y] = 1; // (x, y)のマスを壁(1)にする
29      }
30    }
31  }
```

140   12. つくってみよう：迷路

ここまでで，上下から壁を伸ばす方法で迷路を生成することのできるプログラムが完成しているはずである．'a' キーを押したときに図 12.4 のような迷路が生成されることを確認せよ．

12.3 キーボード入力でコマを操作するゲームの実現

キーボードからの入力によってコマを操作して，迷路を進んでいくプログラムを実現する．

12.3.1 グローバル変数の宣言とゲームの初期化

これまで作成したプログラムに機能を追加する．まず，必要となるグローバル変数の宣言と，ゲームの開始時に必要な初期化の処理に関する部分を以下の説明に合うようにプログラム 12-6 の空欄を埋めて作成しよう．

【グローバル変数として】
1. グローバル変数として以下のように変数を宣言する．
   - コマの位置（マス）を表す int 型の変数 pieceX，pieceY を宣言する．
   - プレイ中かどうかを表す boolean 型の変数 isPlaying を宣言する．
   - ゴールに到達したかを表す boolean 型の変数 isGoal を宣言する．
   - コマの直径を表す float 型の変数 pieceSize を宣言する．
   - プレイ時間（ゲーム開始からのフレーム数）を表す int 型の変数 playTime を宣言する．

【関数 initMaze() の中で】
2. ゲームに関する変数を以下のように初期化する．
   - コマの位置（マス）を表す変数 pieceX，pieceY をスタート位置 (2, 3) に設定する．
   - プレイ中かどうかを表す変数 isPlaying を false に設定する．
   - ゴールに到達したかを表す変数 isGoal を false に設定する．
   - コマの直径を表す変数 pieceSize を 0.7*roadW（道や壁の幅）に設定する．
   - プレイ時間を表す変数 playTime を 0 に設定する．

─────── プログラム 12-6（グローバル変数の追加とゲームの初期化）───────

```
1   ...              // これまで使っていたグローバル変数はそのまま，以下を追加
2   // 処理 1（グローバル変数の追加）
3   int pieceX;      // コマの位置（x方向）
4   int pieceY;      // コマの位置（y方向）
5   boolean isPlaying; // プレイ中かどうか（プレイ中ならtrue）
6   boolean isGoal;   // ゴールに到達したか（ゴールに到達したらtrue）
```

12.3 キーボード入力でコマを操作するゲームの実現

```
7    float pieceSize;    // コマの直径
8    int playTime;       // プレイ時間（ゲーム開始からのフレーム数）
9
10   ...                 // これまで作成した関数
11
12   void initMaze(){
13     ...               //  これまで作成したプログラム部分に以下を追加
14     // 処理 2（ゲームに関する変数の初期化）
15     pieceX = [          ];    // コマの位置(x方向)をスタート位置(2)に設定
16     pieceY = [          ];    // コマの位置(y方向)をスタート位置(3)に設定
17     isPlaying = [          ]; // プレイ中かどうかを表す変数をfalseに設定
18     isGoal = [          ];    // ゴールに到達したかを表す変数をfalseに設定
19     pieceSize = [          ]; // コマの直径を0.7*roadWに設定
20     playTime = [          ];  // プレイ時間を0に設定
21   }
22
23   ...
```

12.3.2 キーボード入力に対する処理

キーボード入力により，ゲームの開始や迷路の初期化，コマの移動などを行う処理を以下の説明に合うように空欄を埋めてプログラム 12-7 を作成しよう．

【関数 keyPressed() の中で】

1. 'k' キーが押されたら，プレイ中であるかを表す isPlaying を true にする．
2. 'i' キーが押されたら，initMaze() を呼び出し，迷路を初期状態にする．
3. プレイ中（isPlaying が true）のときに矢印キーが押されたら，以下の説明に合うように矢印の方向に進む処理を行う．

    - ↑キーが押されたら，コマの位置を 1 マス上に移動する．ただし，コマの y 方向の位置を表す pieceY の値が画面の範囲外に出ない（pieceY が 0 未満にならない）ように，「pieceY が 0 より大きく」かつ「↑キーが押された」ときに pieceY の値を 1 減らす．
    - →キーが押されたら，コマの位置を 1 マス右に移動する．ただし，コマの x 方向の位置を表す pieceX の値が画面の範囲外に出ない（pieceX が boardX 以上にならない）ように，「pieceX が boardX−1 より小さく」かつ「→キーが押された」ときに pieceX の値を 1 増やす．
    - ↓キーが押されたら，コマの位置を 1 マス下に移動する．ただし，コマの y 方向の位置を表す pieceY の値が画面の範囲外に出ない（pieceY が boardY 以上にならない）ように，「pieceY が boardY−1 より小さく」かつ「↓キーが押された」ときに pieceY の値を 1 増やす．

- ←キーが押されたら，コマの位置を1マス左に移動する。ただし，コマのx方向の位置を表すpieceXの値が画面の範囲外に出ない（pieceXが0未満にならない）ように，「pieceXが0より大きく」かつ「←キーが押された」ときにpieceXの値を1減らす。

───────── プログラム 12-7（キーボード入力に対する処理）─────────

```
1   ...
2
3   void keyPressed(){
4     switch(key){
5       ...      // これまでの処理
6       // 処理 1 ('k'キーが押された場合の処理)
7       // 'k'キーが押されたらプレイ中であるかを表すisPlayingをtrueにする
8       case 'k' :
9         [            ];
10        break;
11      // 処理 2 ('i'キーが押された場合の処理)
12      // 'i'キーが押されたらinitMaze()を呼び出す
13      case 'i' :
14        [            ];
15        break;
16    }
17    // 処理 3 (矢印キーが押された場合の処理)
18    if(isPlaying){ // プレイ中に
19      // ↑キーが押され，かつpieceYが0より大きいとき，pieceYを1減らす
20      if(keyCode == UP && pieceY > 0) [            ];
21      // →キーが押され，かつpieceXがboardX-1より小さいとき，pieceXを1増やす
22      if([        ]) [            ];
23      // ↓キーが押され，かつpieceYがboardY-1より小さいとき，pieceYを1増やす
24      if([        ]) [            ];
25      // ←キーが押され，かつpieceXが0より大きいとき，pieceXを1減らす
26      if([        ]) [            ];
27    }
28  }
```

12.3.3 コマやプレイ情報の表示およびゲームの終了

コマやプレイ情報（プレイ時間）の表示やゲームの終了などの処理を行うプログラムを以下の説明に合うように空欄を埋めてプログラム12-8を作成しよう。

【関数 draw() の中で】

1. コマを表示する関数 drawPiece() を呼び出す。
2. プレイ中（isPlaying が true）またはゴールした（isGoal が true）なら，プレイ情報を表示する関数 drawInfo() を呼び出す。
3. 終了判定を行う関数 checkFinish() を呼び出す。

【関数 drawPiece() の中で】

4. コマの色を (0, 200, 0) に設定し，コマの位置 (pieceX, pieceY) に直径 pieceSize の円を描く。(pieceX, pieceY) は，マス単位での位置なので，描画位置は道や壁の幅 (roadW) を考慮して決める必要があり，マスの中央にコマが描かれるようにするためには 0.5 マス分だけずらした位置，つまり，((pieceX+0.5)*roadW, (pieceY+0.5)*roadW) の位置に描画する必要がある。

【drawInfo() の中で】

5. プレイ中ならば（isPlaying が true ならば）プレイ時間（playTime）を 1 増やす。

6. 文字のサイズを 30 に，色を黄色 (255, 255, 0) に設定し，(20, 30) の位置に Time=125 などのように表示する。"Time=" + playTime で "Time=" という文字列に playTime の数値を連結して表示できるので，text("Time=" + playTime, 20, 30); のようにすればよい。

【checkFinish() の中で】

7. コマがゴールの位置ならば，以下の処理を行う。ゴールの位置かどうかは roadMap[pieceX][pieceY] の値がゴールを表す 3 であるかどうかで知ることができる。

    ・ プレイ中かどうかを表す変数 isPlaying を false に設定する。
    ・ ゴールに到達したかを表す変数 isGoal を true に設定する。

──── プログラム 12-8（コマやプレイ情報の表示およびゲームの終了）────

```
1   ...
2
3   void draw(){
4     ...
5     // 処理 1 (drawPiece()の呼び出し)
6     drawPiece(); // コマを表示する関数drawPiece()の呼び出し
7     // 処理 2 (drawInfo()の呼び出し)
8     if(isPlaying || isGoal){ //プレイ中またはゴールしたなら
9       drawInfo(); // プレイ時間を表示する関数drawInfo()の呼び出し
10    }
11    // 処理 3 (checkFinish()の呼び出し)
12    checkFinish(); // 終了判定を行う関数checkFinish()の呼び出し
13  }
14
15  ...
16
17  // コマの描画
18  void drawPiece(){
19    // 処理 4 (コマの描画)
20    [            ]; // コマの色を(0, 200, 0)に設定
21    [            ]; // コマの位置に直径pieceSizeの円を描画
22  }
23
```

144   12. つくってみよう：迷路

```
24      // プレイ時間などの情報の表示
25      void drawInfo(){
26        // 処理 5（プレイ時間を増やす）
27        if(          ){ // プレイ中ならば
28          　　　　　　　；// プレイ時間(playTime)を1増やす
29        }
30        // 処理 6（プレイ時間の表示）
31        　　　　　　　；// 文字のサイズを30に設定
32        　　　　　　　；// 文字の色を黄色(255, 255, 0)に設定
33        　　　　　　　；// (20, 30)の位置にプレイ時間を表示
34      }
35
36      // 終了判定
37      void checkFinish(){
38        // 処理 7（ゴールに到達したときの処理）
39        if(          ){ // コマがゴールの位置ならば
40          　　　　　　　；// isPlayingをfalseに設定
41          　　　　　　　；// isGoalをtrueに設定
42        }
43      }
```

ここまでで，キー操作によってコマを動かすことのできるような迷路ゲームが完成しているはずである（図12.5）。ただし，「壁があるところには進めない」などの処理は行っていないため，壁の中であってもコマを進めることができてしまう。

図 12.5　ゲーム中の画面

12.4　乱数を用いた迷路の自動生成

すでに存在する壁からランダムな方向に壁を2マス単位で伸ばしていくことで迷路を生成する関数 generateMazeRandom() を作成する。壁を他の壁とつながらない範囲で伸ばしていくことで，スタートからゴールまでの経路が存在することが保証される。

12.4 乱数を用いた迷路の自動生成

【グローバル変数として】

1. 右 (0),下 (1),左 (2),上 (3) に対応する x 方向の変位を表す要素数が 4 の int 型の配列 dirX を宣言し,dirX={1, 0, −1, 0} のように値を設定する。また,y 方向の変位を表す要素数が 4 の int 型の配列 dirY を宣言し,dirY={0, 1, 0, −1} のように値を設定する。

【関数 keyPressed() の中で】

2. 'r' キーが押されたら,乱数を用いて迷路を生成する関数 generateMazeRandom() を呼び出す。

【関数 generateMazeRandom() の中で】

3. 以下の処理を行う。

    迷路内のマス (x, y)(x=2〜boardX−3, y=2〜boardY−3)のうち,x, y ともに偶数であるマスに対してそのマスが壁ならば(roadMap[x][y] が 1 ならば),以下の処理を行う。

    (a) 上下左右の四つの方向からランダムに一つの方向を選択する。0〜3 の乱数を生成し,int 型の変数 r に格納する。0〜3 は,右 (0),下 (1),左 (2),上 (3) にそれぞれ対応している。

    (b) r の方向に進む場合の x 方向の変位 dirX[r] を int 型の変数 dx に格納する。また,r の方向に進む場合の y 方向の変位 dirY[r] を int 型の変数 dy に格納する。

    (c) (x, y) から r の方向に 2 マス進んだ (x+dx*2, y+dy*2) のマスが道ならば(roadMap[x+dx*2][y+dy*2] が 0 ならば),r の方向に 1 マス進んだマスと 2 マス進んだマスを壁にする(roadMap[x+dx][y+dy] と roadMap[x+dx*2][y+dy*2] を 1 にする)。

図 12.6 はこのアルゴリズムを用いて迷路を生成したときの一例である。この図において白い枠で示したマスが壁のある x, y ともに偶数であるマスであり,これらのマスに対して,3. の (a) 〜 (c) の処理を行うことになる。白の矢印で示した部分が実際に (c) において壁を 2 マス分伸ばした部分である。

迷路を完成させるためには,迷路内のマス (x, y) のうち,x, y ともに偶数であるマスがすべて壁になるまで関数 generateMazeRandom() を繰り返し呼び出す必要がある。ここでは 'r' キーが押されるたびに,generateMazeRandom() を呼び出し,壁を伸ばす処理を行う。このため,全体に壁を生成するためには 'r' キーを複数回押す必要がある。

また,この方法では 2 マス進んだ先の場所が道であるかどうかを調べて壁を伸ばすかどうかを決定しているため,迷路の外側の壁上のマスに着目している場合にはランダムに選択された方向によっては 2 マス先のマスが迷路の範囲外になることがある。今回作成するプログ

146   12. つくってみよう：迷路

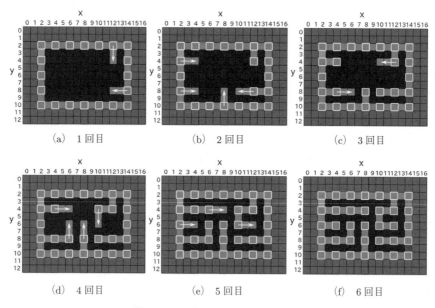

(a) 1回目　　(b) 2回目　　(c) 3回目

(d) 4回目　　(e) 5回目　　(f) 6回目

図 12.6　乱数を用いた迷路の生成例

ラムでは，迷路の範囲の外側に 2 マス分の領域を余計に確保し，壁として設定しているため，2 マス先が迷路の範囲外になった場合にも迷路の範囲内と同じように扱うことができ，2 マス先が迷路の範囲内であるかどうかをチェックしなくてもすむようになっている．空欄を埋めてプログラム 12-9 を作成しよう．

──────── プログラム 12-9（乱数を用いた迷路の生成）────────

```
1   ...
2     // 処理 1（グローバル変数の追加）
3   int[] dirX = {1, 0, -1, 0}; // 右(0), 下(1), 左(2), 上(3)に対応するx方向の変位
4   int[] dirY = {0, 1, 0, -1}; // 右(0), 下(1), 左(2), 上(3)に対応するy方向の変位
5
6   ...
7
8   void keyPressed(){
9     // 処理 2（generateMazeRandom()の呼び出し）
10    // 'r'キーが押されたらgenerateMazeRandom()を呼び出す
11      case 'r' :
12        generateMazeRandom();
13        break;
14    ...
15  }
16
17  ...
18
19  void generateMazeRandom(){
20    // 処理 3（乱数を用いた迷路の生成）
21      for(            ){ // xを2, 4, …, boardX-3のように迷路の範囲内の
```

12.4 乱数を用いた迷路の自動生成

```
22                            // すべての偶数について繰り返す
23      for(          ){ // yを2, 4, …, boardY-3のように迷路の範囲内の
24                            // すべての偶数について繰り返す
25        if(          ){ // (x, y)のマスが壁ならば
26          // 処理 3 (a) (方向をランダムに選択)
27          int r =          ;  // 0〜3の乱数を生成し，rに格納
28                               // (方向をランダムに決定)
29          // 処理 3 (b) (rの方向に進む場合の変位)
30          int dx =          ; // rの方向に進む場合のx方向の変位dirX[r]を
31                               // dxに格納
32          int dy =          ; // rの方向に進む場合のy方向の変位dirY[r]を
33                               // dyに格納
34          // 処理 3 (c) (2マス進んだマスが道ならば壁を設定)
35          if(          ){ // (x, y)からrの方向に2マス進んだ
36                            // (x+dx*2, y+dy*2)のマスが道ならば
37                    ; // rの方向に1マス進んだマスを壁にする
38                    ; // rの方向に2マス進んだマスを壁にする
39          }
40        }
41      }
42    }
43  }
```

ここまでで，'r' キーを押すことで乱数を用いて迷路を生成できるようなプログラムが完成しているはずである．なお，迷路盤内部全体に壁が生成されるまでに 'r' キーを複数回押す必要がある．余力がある場合は，迷路内のマス (x, y) のうち，x, y がともに偶数であるマスがすべて壁になるまで壁を伸ばす処理を繰り返すようにしてみよう．

今回作成したプログラム 12-9 では，図 **12.7** に示すように人がマウスやキーボードによって入力された情報に基づいて盤の状態を表す roadMap やコマの位置を表す pieceX, pieceY

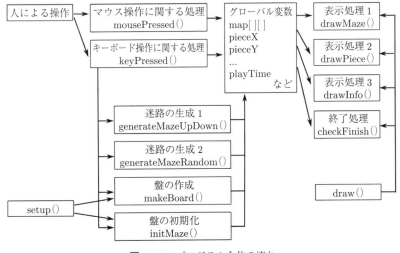

図 **12.7** プログラム全体の流れ

などのグローバル変数が書き換えられる．また，迷路を生成する関数や迷路の初期化を行う関数などからも盤の状態を表すroadMapも書き換えられるようになっている．表示を行う関数では，これらのグローバル変数の値を参照して，画面上に迷路やコマを表示するようになっている．

12.5　マウスでコマを操作するゲームの実現

これまで作成したプログラムを拡張し，マウスでコマを操作して迷路を進んでいくようにする．マウス操作によるゲームはスタート地点のマスをクリックすることで開始し，マウスを動かすことでコマを動かし，ゴール地点まで移動させる．なお，コマが壁のあるマスに一部でも入ってしまっている場合にはコマの色を赤にする．プログラム12-10の空欄を埋めたものを追加して，マウスでプレイする迷路ゲームの機能を追加してみよう．

【グローバル変数として】
1. マウス操作によるゲーム中であるかどうかを表すboolean型の変数isMousePlayingを宣言する．また，コマが壁に触れているかどうかを表すboolean型の変数inTouchを宣言する．

【関数draw()の中で】
2. プレイ情報を表示する関数drawInfo()を呼び出す条件にマウス操作によるゲーム中であること（isMousePlaying）を追加する（if(isPlaying || isGoal)をif(isPlaying || isMousePlaying || isGoal)に変更する）．

【関数initMaze()の中で】
3. マウス操作によるゲーム中であるかどうかを表すisMousePlayingをfalseに設定する．

【関数mousePressed()の中で】
4. マウスがクリックされた位置（(x, y)のマス）がスタート地点ならば（roadMap[x][y]がスタートを表す2ならば），マウス操作によるゲーム中であるかどうかを表すisMousePlayingをtureに設定することで，マウス操作によるゲームを開始する．

【関数drawPiece()の中で】
5. マウス操作によるゲーム中の処理を以下のように追加する．
(a) マウス操作によるゲーム中であるか（isMousePlayingがtrueであるか）どうかによって処理を場合分けし，drawPiece()内にすでに書かれている処理をマウス操作によるゲーム中でない場合（elseのブロックの中）に入れる．
(b) コマが壁に触れているかどうかを表すinTouchをfalseに設定する．
(c) マウスの座標（mouseX, mouseY）からマウスのマス内での位置（posX, posY）を求

める。posX, posY は mouseX, mouseY を道や壁の幅 roadW で割った余りで求めることができる。

(d) マウスの座標（mouseX, mouseY）からマウスのあるマスの位置（pX, pY）を求める。pX, pY は mouseX, mouseY を道や壁の幅 roadW で割ることで求められる。

(e) マウスが迷路内にあるならば，以下の処理を行う。「pX が 2 以上 boardX−2 未満」かつ「pY が 2 以上 boardY−2 未満」であれば，マウスが迷路内にあると判断することができる。

- コマの位置（pieceX, pieceY）を（pX, pY）に設定する。
- 以下の条件のいずれかに該当する場合は壁に触れている状態であると判定する（inTouch を true にする）（図 12.8）。

(i) (pieceX, pieceY) のマスが壁（1）である。

(ii) (pieceX, pieceY) の右のマス（(pieceX+1, pieceY) のマス）が壁（1）であり，マス内での x の位置 posX がマスの右端からコマの半分のサイズの位置（roadW−pieceSize/2）より右にある（posX が roadW−pieceSize/2 より大きい）。

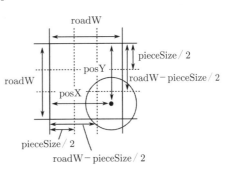

図 12.8 壁との接触判定

(iii) (pieceX, pieceY) の左のマス（(pieceX−1, pieceY) のマス）が壁（1）であり，マス内での x の位置 posX がマスの左端からコマの半分のサイズの位置（pieceSize/2）より左にある（posX が pieceSize/2 より小さい）。

(iv) (pieceX, pieceY) の下のマス（(pieceX, pieceY+1) のマス）が壁（1）であり，マス内での y の位置 posY がマスの下端からコマの半分のサイズの位置（roadW−pieceSize/2）より下にある（posY が roadW−pieceSize/2 より大きい）。

(v) (pieceX, pieceY) の上のマス（(pieceX, pieceY−1) のマス）が壁（1）であり，マス内での y の位置 posY がマスの上端からコマの半分のサイズの位置（pieceSize/2）より上にある（posY が pieceSize/2 より小さい）。

(f) 壁に触れていれば（inTouch が true ならば），塗りつぶし色を赤（255, 0, 0）に設定する。壁に触れていなければ，塗りつぶし色を緑（0, 200, 0）に設定する。

(g) マウスの位置（mouseX, mouseY）を中心とする直径 pieceSize の円を描画する。

12. つくってみよう：迷路

【drawInfo() の中で】

6. プレイ時間（playTime）を増やす条件にマウス操作によるゲーム中であること（isMousePlaying）を追加する（if(isPlaying) を if(isPlaying || isMousePlaying) に変更する）。

【checkFinish() の中で】

7. コマがゴールに到達したときの処理に，マウス操作によるゲーム中であるかどうかを表す isMousePlaying を false に設定する処理を追加する。

―― プログラム 12-10（マウスでコマを操作するゲーム）――

```
1   ...
2   // 処理 1（グローバル変数の追加）
3   boolean isMousePlaying; // マウス操作によるゲーム中であるかどうか
4   boolean inTouch = false; // コマが壁に触れているかどうか
5
6   ...
7
8   void draw(){
9     ...
10    // 処理 2（drawInfo()を呼び出す条件へのisMousePlayingの追加）
11    if(isPlaying || isMousePlaying || isGoal){
12              //プレイ中またはマウス操作によるプレイ中またはゴール後なら
13      drawInfo(); // プレイ情報を表示する関数drawInfo()の呼び出し
14    }
15    ...
16  }
17
18  ...
19
20  void initMaze(){
21    ...
22    // 処理 3（isMousePlayingの初期化）
23    isMousePlaying = false; // マウス操作によるゲーム中であるかどうかを表す
24                            // isMousePlayingをfalseに設定
25  }
26
27  ...
28
29  void mousePressed(){
30
31    // 処理 4（マウス操作によるゲームの開始）
32    if(□□□□□□□□□){ // クリックされた位置がスタート地点なら
33      isMousePlaying = true; // マウス操作によるゲームを開始する
34    }
35  }
36
37  ...
38
39  void drawPiece(){
40    // 処理 5（a）（isMousePlayingによる場合分け）
```

12.5 マウスでコマを操作するゲームの実現

```
41    if(isMousePlaying){
42        // 処理 5 (b) (inTouchをfalseに設定)
43        inTouch = false; // コマが壁に触れているかどうかを表す
44                         // inTouchをfalseに設定
45        // 処理 5 (c) (マウスのマス内での位置の算出)
46        int posX = mouseX % roadW;  // マウスのマス内での位置(x方向)
47        int posY = [          ];    // マウスのマス内での位置(y方向)
48        // 処理 5 (d) (マウスのあるマスの位置の算出)
49        int pX = mouseX / roadW;   // マウスのあるマスの位置(x方向)
50        int pY = [          ];     // マウスのあるマスの位置(y方向)
51        // 処理 5 (e) (マウスが迷路内にある場合の処理)
52        if(pX >= 2 && pX < boardX-2 && pY >= 2 && pY < boardY-2){
53          pieceX = pX; // コマの位置(x方向)をpXに更新
54          pieceY = pY; // コマの位置(y方向)をpYに更新
55          if([          ]      // (i) 現在のマスが壁であるか
56             || (roadMap[pieceX+1][pieceY]==1 && posX > roadW-pieceSize/2)
57                   // (ii) 右のマスが壁で右のマスに触れているか
58             || (roadMap[pieceX-1][pieceY]==1 && posX < pieceSize/2)
59                   // (iii) 左のマスが壁で左のマスに触れているか
60             || ([          ])
61                   // (iv) 下のマスが壁で下のマスに触れているか
62             || ([          ])){
63                   // (v) 上のマスが壁で上のマスに触れているならば
64            inTouch = true; // 壁に触れていると判定 (inTouchをtrueにする)
65          }
66        }
67        // 処理 5 (f) (コマの色の設定)
68        if(inTouch == true){ // 壁に触れていれば
69          [          ];      // 塗りつぶし色を赤(255, 0, 0)に設定
70        }else{                // 壁に触れていなければ
71          [          ];      // 塗りつぶし色を緑(0, 200, 0)に設定
72        }
73        // 処理 5 (g) (コマの描画)
74        ellipse([          ]); // (mouseX, mouseY)を中心とする
75                               // 直径pieceSizeの円を描画
76    }
77    // マウス操作によるゲーム中でなければ
78    else{
79        ... (これまでの処理)
80    }
81  }
82
83  void drawInfo(){
84    // 処理 6 (playTimeを増やす条件へのisMousePlayingの追加)
85    if(isPlaying || isMousePlaying){
86              // プレイ中もしくはマウス操作によるプレイ中ならば
87      playTime++; // プレイ時間(playTime)を1増やす
88    }
89    ...
90  }
91
92  void checkFinish(){
93    if(roadMap[pieceX][pieceY] == 3){ // コマがゴールの位置ならば
94      ...
```

152   12. つくってみよう：迷路

```
 95        // 処理 7 (マウス操作によるゲームの終了)
 96        isMousePlaying = false; // マウス操作によるゲームを終了
 97      }
 98    }
 99
100    ...
```

ここまでで，図 12.9 のような，マウス操作によるゲームが行えるプログラムが完成しているはずである．正しく動作しているか確認せよ．

図 12.9　マウスでコマを操作するゲーム

12.6　迷路の自動的な探索

迷路を自動的に探索するプログラムを作成する．迷路の探索方法はいろいろなものが考えられるが，ここでは左手を壁につけた状態で進み続けることでゴールに到達する方法（左手法）で，迷路の探索を実現する．なお，探索処理は，毎フレーム行うと処理が速すぎて探索過程の表示が見にくくなってしまうため，10 フレームに一度（frameCount の値が 10 の倍数のときのみ）行うものとする．プログラム 12-11 の空欄を埋めたものを追加して，迷路の自動探索機能を実装しよう．

【グローバル変数として】

1. 左手法による探索中かどうかを表す boolean 型の変数 isSearchLeft を宣言する．また，コマの進む方向を表す int 型の変数 pieceDir を宣言する．方向は，右 (0)，下 (1)，左 (2)，上 (3) で表される．

【関数 draw() の中で】

2. 左手法による探索中なら（isSearchLeft が true なら），左手法を行う関数 searchLeft() を呼び出す．

【関数 initMaze() の中で】

3. 左手法による探索中かどうかを表す isSearchLeft を false に設定する。コマの向き（pieceDir）を右 (0) に設定する。

【関数 keyPressed() の中で】

4. 's' キーが押されたら左手法による探索を開始する（isSearchLeft を true にする）。

【関数 checkFinish() の中で】

5. コマがゴールに到達したら，左手法による探索中かどうかを表す isSearchLeft を false にする（左手法による探索を終了する）。

【関数 searchLeft() の中で】

6. 左手法による探索を行う。

(a) 進む方向を表す int 型の変数 dir を宣言し，0 で初期化する。また，移動先の x 方向の位置を表す int 型の変数 x と移動先の y 方向の位置を表す int 型の変数 y を宣言し，0 で初期化する。

(b) frameCount の値が 10 の倍数のときに，壁がなく進むことができる方向を現在の位置（(pieceX, pieceY) のマス）から見て左，前，右，後の順に調べる。左，前，右，後の順に調べる処理は for 文を使って 4 回繰り返すようにしておき，それぞれの方向に進んだときにそこが道 (0) またはゴール (3) ならばその方向に進むことに決定し，break 文で繰り返しから抜けることで実現する。具体的には，繰り返しの中で以下のような処理を行う。

(b-1) 進む方向を表す int 型の変数 dir を

dir = (pieceDir+3+i)%4

のように決定する。pieceDir はコマの現在の向きを表しており，現在の向きから見て左側の方向は (pieceDir+3) %4 で表すことができる。例えば，pieceDir が左 (2) の場合には，そこから見た左側は (pieceDir+3)%4=(2+3)%4=1，つまり下となる。for 文を使って i を 0 から 3 まで変化させていくと

i=0 のときには dir=(pieceDir+3+0)%4 となり，現在の向きから見た左側
i=1 のときには dir=(pieceDir+3+1)%4 となり，現在の向きから見た前側
i=2 のときには dir=(pieceDir+3+2)%4 となり，現在の向きから見た右側
i=3 のときには dir=(pieceDir+3+3)%4 となり，現在の向きから見た後側

を順に調べることになる。

(b-2) dir の方向に 1 マス移動した x 方向の位置 x と dir の方向に 1 マス移動した y 方向の位置 y を計算する。dir の方向に 1 マス移動した x 方向の位置 x は，現在のコマの x 方向の位置 pieceX に方向が dir のときの x 方向の変位 dirX[dir]

を足すことで求められる．同様に，dir の方向に 1 マス移動した y 方向の位置 y は，現在のコマの y 方向の位置 pieceY に方向が dir のときの y 方向の変位 dirY[dir] を足すことで求められる．

(b-3) (x, y) のマス（roadMap[x][y]）が道（0）かゴール（3）ならば break 文で for 文の繰り返しから抜ける．つまり，dir の方向に進める場合には，その方向に進むものと決定して次の処理に進む．このように処理を行うことにより，行き止まりのマスにいる場合には後ろに移動する，つまり逆戻りする方向に移動することになる．

(c) コマの方向（pieceDir）を dir に設定する．また，コマの x 方向の位置（pieceX）を x に，コマの y 方向の位置（pieceY）を y に設定する．

図 12.10 は，左手法で探索を行ったときの例である．白い矢印が探索が行われた順を表している．

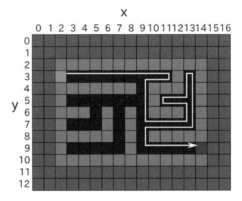

図 12.10　左手法による探索

───── プログラム 12-11（迷路の自動的な探索）─────

```
1   ...
2   // 処理 1 (グローバル変数の追加)
3   boolean isSearchLeft;  // 左手法による探索中かどうか
4   int pieceDir;          // コマの進む方向（右(0), 下(1), 左(2), 上(3)）
5
6   ...
7
8   void draw(){
9     // 処理 2 (searchLeft()の呼び出し)
10    if(isSearchLeft){ // 左手法による探索中なら
11      searchLeft();   // searchLeft()を呼び出す
12    }
13    ...
14  }
15
```

```
16  ...
17
18  void initMaze(){
19    ...
20    // 処理 3 (isSearchLeftの初期化など)
21    isSearchLeft = false; // 左手法による探索中かどうかを表す
22                          // isSearchLeftをfalseに設定
23    pieceDir = 0;         // コマの向きを右(0)に設定
24  }
25
26  ...
27
28  void keyPressed(){
29    ...
30    // 処理 4 (左手法による探索の開始)
31      case 's':              // 's'キーが押されたら
32        isSearchLeft = true; // 左手法による探索を開始する
33        break;
34  }
35
36  ...
37
38  void checkFinish(){
39    if(roadMap[pieceX][pieceY] == 3){ // コマがゴールの位置ならば
40      ...
41      // 処理 5 (左手法による探索の終了)
42      isSearchLeft = false; // 左手法による探索を終了
43    }
44  }
45
46  ...
47
48  // 処理 6 (左手法による探索)
49  void searchLeft(){
50    // 処理 6 (a) (向き，座標の初期化)
51    int dir = 0; // 進む方向を表すdirを0で初期化
52    int x = 0;   // 移動先の位置(x方向)を表すxを0で初期化
53    int y = 0;   // 移動先の位置(y方向)を表すyを0で初期化
54    // 処理 6 (b) (進める方向の探索)
55    if(frameCount%10 == 0){ // 10フレームごとに
56      for(int i = 0; i < 4; i++){ // 4方向を調べる
57        dir = [          ]; // 進む方向を表すdirを左，前，右，後の順に設定
58        x = [          ];   // dirの方向に1マス移動した位置(x方向)を計算
59        y = [          ];   // dirの方向に1マス移動した位置(y方向)を計算
60        if([          ]){  // (x, y)のマスが道(0)かゴール(3)ならば
61          break; // for文の繰り返しから抜ける
62        }
63      }
64      // 処理 6 (c) (向き，座標の更新)
65      pieceDir = [          ]; // コマの方向(pieceDir)をdirに設定
66      pieceX = [          ];   // コマのx方向の位置(pieceX)をxに設定
67      pieceY = [          ];   // コマのy方向の位置(pieceY)をyに設定
68    }
```

```
 69    }
```

ここまでで，左手法で自動的に迷路を探索しながらコマを移動させることのできるプログラムが完成しているはずである．正しく動作しているか確認せよ．

12.7 迷路の3D化

これまで作成した迷路のプログラムを機能拡張し，図 **12.11** のように3次元（3D）表示された迷路をキーボード操作で進めるようにしよう．

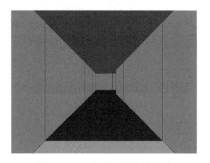

図 **12.11** 迷路の三次元表示

12.7.1 迷路の3D表示

以下の説明に合うように空欄を埋めてプログラム 12-12 を追加しよう．

【グローバル変数として】

1. 3D表示モードであるかを表す boolean 型の変数 mode3D を宣言する．

【関数 setup() の中で】

2. 3D表示モードに対応できるように size(800, 600); を size(800, 600, P3D); に変更する．P3D を三つ目の引数として指定することで 3D表示が可能になり，図 **12.12** のように 2D表示モードでの x, y 方向に加え，z 方向の座標が使用できるようになる．

【関数 draw() の中で】

3. 3D表示モードであるかを表す mode3D が true であれば，迷路を3D表示する関数 drawMaze3D() を呼び出す．

4. 3D表示モードであるかを表す mode3D が false であれば，視点と遠近法の設定を 2D の設定に戻し，drawMaze() と drawPiece() を呼び出す．

・ 視点の設定は camera() を使用することで行う．camera() では，camera(x1, y1, z1,

12.7 迷路の 3D 化　　157

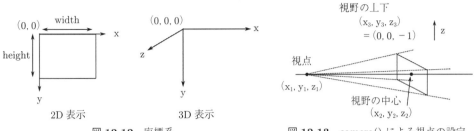

図 12.12　座標系　　　　図 12.13　camera() による視点の設定

x2, y2, z2, x3, y3, z3) のように九つの引数を設定する。図 12.13 のように，最初の三つの引数 (x1, y1, z1) は視点の位置，次の三つの引数 (x2, y2, z2) は視野の中心の位置を表す。また，最後の三つの引数 (x3, y3, z3) は視野の天地（上下の方向）を表しており，例えば，y 軸の負の方向を上にしたい場合には (0, 1, 0)，z 軸の正の方向を上にしたい場合には，(0, 0, −1) のように指定する。

2D 表示の場合には，視点の位置 (x1, y1, z1) は (width/2, height/2, (height/2)/tan(PI/6)) に，視野の中心の位置 (x2, y2, z2) は (width/2, height/2, 0) に，視野の天地（上下の方向）(x3, y3, z3) は (0, 1, 0) に設定する（図 12.14）。

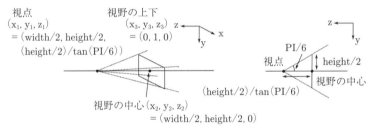

図 12.14　2D 表示のときの camera()

- 遠近法の設定は perspective() を使用することで行う。perspective() では，perspective(fov, ar, near, far) のように四つの引数を設定する。それぞれの引数は図 12.15 のように視野角，視野の縦横比，視野の一番近い面までの距離，視野の一番遠い面までの距離に対応している。

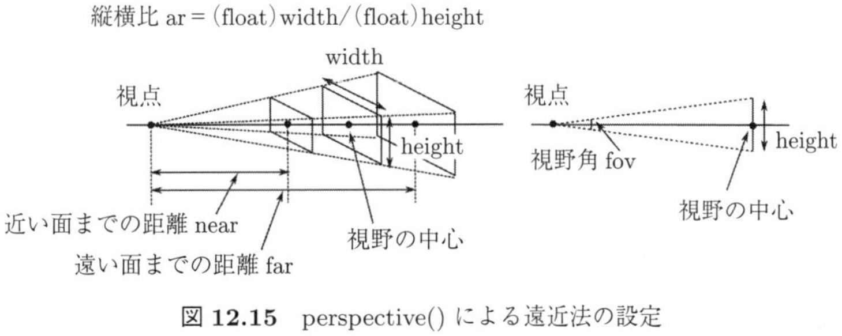

図 12.15　perspective() による遠近法の設定

2D 表示の場合には，視野角 fov は PI/3，視野の縦横比 ar は (float)width/(float)height，視野の一番近い面までの距離 near は ((height/2)/tan(PI/6))/10（視点から視野の中心までの距離の 1/10）視野の一番遠い面までの距離 far は ((height/2)/tan(PI/6))*10（視点から視野の中心までの距離の 10 倍）のように指定する。

【関数 keyPressed() の中で】

5. 'M' キーを押すことで 3D モードと 2D モードを切り替える。つまり 3D 表示モードであるかを表す mode3D が true であれば false に，false であれば true にする。

【関数 drawMaze3D() の中で】

6. 背景色を明るさ 100 の灰色，輪郭線の色を黒 (0) に設定する。
7. 関数 camera() を用いて視点の設定を行う。

- 視点の位置（x1, y1, z1）は現在位置のコマの位置（pieceX*roadW, pieceY*roadW, 0）に設定する。なお，2D 表示のときには（pieceX*roadW, pieceY*roadW）はコマのあるマスの左上の座標を指していたが，3D 表示の場合は x, y 座標が（pieceX*roadW, pieceY*roadW）が中心になるような位置に立方体（もしくは直方体）を描画することになるので，（pieceX*roadW, pieceY*roadW）がコマがあるマスの中心の x, y 座標となる。また，地面が −roadW/2 の高さにあるように描画するため，z1 が 0 ということは地面から roadW/2 の高さの位置から見ている形になる。

- 視野の中心の位置（x2, y2, z2）は現在いる位置から現在向いている方向に 1 マス移動した位置に設定する。現在いる位置から現在向いている方向に 1 マス移動した位置（x 方向）は，現在のマスの x 方向の位置 pieceX に現在向いている方向に 1 マス移動したときの変位 dirX[pieceDir]（pieceDir は現在の方向）を足すことで求めることができる。同様に現在いる位置から現在向いている方向に 1 マス移動した位置（y 方向）は，現在のマスの y 方向の位置 pieceY と現在向いている方向に 1 マス移動したときの変位 dirY[pieceDir]（pieceDir は現在の方向）から求めることができる。なお，z2 は z1 と同様，0 に設定する。

- 視野の天地（上下の方向）(x3, y3, z3) は z 軸の正の方向を上に設定するので，(0, 0, −1) とする。

8. 関数 perspective() を用いて遠近法の設定を行う。視野角は 100 度（radians(100)），視野の縦横比は (float)width/(float)height，視野の一番近い面までの距離は 1，視野の一番遠い面までの距離は 800 と指定する。

9. 迷路内のすべてのマス (x=2, · · · , boardX−3, y=2, · · · , boardY−3) について以下の処理を繰り返す。

(a) roadMap[x][y] の値に応じて塗りつぶしの色を設定する。

- 道 (0) ならば，(100, 0, 0) にする。
- 壁 (1) ならば，(0, 200, 0) にする。
- スタート (2) ならば，(200, 200, 0) にする。
- ゴール (3) ならば，(200, 0, 200) にする。

(b) pushMatrix(); と記述し，移動前の座標系を保存しておく。

(c) (x, y) のマスが壁 (1) ならば，座標の原点を (x*roadW, y*roadW, 0) に移し，その位置を中心とする一辺の長さが roadW の立方体を描画する。原点の移動は関数 translate() を使用することで行うことができる。translate(x, y, z) と記述すると，(x, y, z) の位置に原点が移動する。原点を中心とする一辺の長さが w の立方体は box(w) のように記述することで描画できる。

(d) (x, y) のマスが壁 (1) 以外ならば，座標の原点を (x*roadW, y*roadW, −roadW/2) に移し，その位置を中心とする roadW×roadW×1 の直方体を描画する。原点を中心とする w×h×d の直方体は box(w, h, d) のように記述することで描画できる（図 **12.16**）。

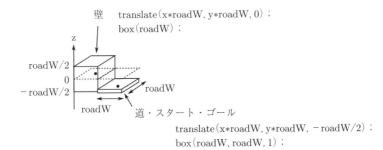

図 **12.16** 3 次元表示での壁と道の表示

(e) popMatrix(); と記述し，移動前の座標系に戻す。

―――― プログラム 12-12（迷路の 3D 表示）――――

```
1   ...
2   // 処理 1 (グローバル変数の追加)
3   boolean mode3D; // 3D表示モードであるか
4
5   ...
6
7   void setup(){
8     // 処理 2 (3D表示ができるように変更)
9     size(800, 600, P3D); // 3D表示モードに対応できるように変更
10    ...
11  }
12
13  void draw(){
```

```
14    ...
15    // 処理 3 (3D表示モードの場合の迷路の表示)
16    if(mode3D){
17      drawMaze3D(); // 迷路を3D表示する関数drawMaze3D()の呼び出し
18    }
19    // 処理 4 (3D表示モードでない場合の迷路の表示)
20    else{
21      // 視点と遠近法の設定を2D表示用に戻す
22      camera(width/2, height/2, (height/2)/tan(PI/6),
23             width/2, height/2, 0,
24             0, 1, 0);
25      perspective(PI/3, (float)width/(float)height,
26                  ((height/2)/tan(PI/6))/10, ((height/2)/tan(PI/6))*10);
27      drawMaze();  // 迷路の表示
28      drawPiece(); // コマの表示
29      if(...){ // プレイ中またはゴールしたなら
30        ...
31      }
32    }
33    ...
34  }
35
36  ...
37
38  void keyPressed(){
39    ...
40    // 処理 5 ('M'キーが押されたときの処理)
41    case 'M' :
42      if(            ){ // 3D表示モードならば
43        [          ];    // mode3Dをfalseにする
44      }else{              // 2D表示モードならば
45        [          ];    // mode3Dをtrueにする
46      }
47      break;
48    ...
49    }
50  }
51
52  ...
53
54  void drawMaze3D(){
55    // 処理 6 (背景色などの設定)
56    background(100); // 背景色を明るさ100の灰色に設定
57    stroke(0);       // 輪郭線の色を黒(0)に設定
58    // 処理 7 (視点の設定)
59    camera(              );
60                // 視点の位置を現在位置のコマの位置,
61                // 視野の中心の位置を1マス移動した位置
62                // 視野の天地(上下の方向)をz軸の正の方向に設定
63    // 処理 8 (遠近法の設定)
64    perspective(radians(100), (float)width/(float)height, 1, 800);
65                                                  // 遠近法の設定
66    // 処理 9 (迷路の描画)
67    for(             ){    // xを2からboardX-3まで1ずつ増やす
```

12.7 迷路の3D化

```
68        for(□□□□□□□□□){  // yを2からboardY-3まで1ずつ増やす
69          // 処理 9 (a) (塗りつぶし色の設定)
70          if(□□□□□□□){         // 道(0)ならば
71              □□□□□□□;          // 塗りつぶし色を(100, 0, 0)に設定
72          }else if(□□□□□□□){    // 壁(1)ならば
73              □□□□□□□;          // 塗りつぶし色を(0, 200, 0)に設定
74          }else if(□□□□□□□){    // スタート(2)ならば
75              □□□□□□□;          // 塗りつぶし色を(200, 200, 0)に設定
76          }else if(□□□□□□□){    // ゴール(3)ならば
77              □□□□□□□;          // 塗りつぶし色を(200, 0, 200)に設定
78          }
79          // 処理 9 (b) (座標系の保存)
80          pushMatrix();  // 移動前の座標系を保存
81          // 処理 9 (c) (壁の描画)
82          if(□□□□□□□){   // 壁(1)ならば
83              □□□□□□□;   // 座標の原点を(x*roadW, y*roadW, 0)に移動
84              □□□□□□□;   // 一辺の長さがroadWの立方体を描画
85          }
86          // 処理 9 (d) (壁以外の描画)
87          else{   // 壁(1)以外ならば
88              □□□□□□□;   // 座標の原点を(x*roadW, y*roadW, -roadW/2)に移動
89              □□□□□□□;   // roadW×roadW×1の直方体を描画
90          }
91          // 処理 9 (e) (座標系を戻す)
92          popMatrix();  // 移動前の座標系を戻す
93        }
94      }
95   }
```

12.7.2 キーボードによる操作

keyPressed() の中で，矢印キーが押されたときの処理を3D表示のときと2D表示のときとで変えられるように場合分けし，3D表示されたときの処理を追加する．3D表示のときには，↑キーで前進，↓キーで後退，←キーで左ターン，→キーで右ターンを行えるようにする．以下の説明に合うように空欄を埋めてプログラム 12-13 を作成しよう．

【keyPressed() の中で】

1. 矢印キーが押されたときの処理を3D表示モードのときとそうでないときに分ける．3D表示モードであるかを表す mode3D が true であれば，2. に示す処理を行い，false であればすでに記述してある2D表示のときの処理を行うように変更する．

2. 矢印キーが押されたときの処理をそれぞれ記述する．

(a) ↑キーが押されたら，1マス前進する．前進したときに進む方向はコマの向き (pieceDir) によって場合分けする必要がある．

  ・右を向いているとき (pieceDir が 0 のとき)，右のマス (pieceX+1, pieceY) が壁 (1) でなければ，pieceX を 1 増やす．

- 下を向いているとき（pieceDir が 1 のとき），下のマス（pieceX, pieceY+1）が壁（1）でなければ，pieceY を 1 増やす．
- 左を向いているとき（pieceDir が 2 のとき），左のマス（pieceX−1, pieceY）が壁（1）でなければ，pieceX を 1 減らす．
- 上を向いているとき（pieceDir が 3 のとき），上のマス（pieceX, pieceY−1）が壁（1）でなければ，pieceY を 1 減らす．

(b) ↓キーが押されたら，1マス後退する．後退したときに進む方向はコマの向き（pieceDir）によって場合分けする必要がある．どのようにすればよいのかは，↑キーが押された場合を参考に自分で考えよう．

(c) ←キーが押されたら，左に向きを変える．現在の向きがpieceDirならば，(pieceDir+3)%4 がその向きから見て左の向きとなる．

(d) →キーが押されたら，右に向きを変える．現在の向きがpieceDirのとき，その向きから見て右の向きがどのように表されるかは左のときを参考にして自分で考えよう．

―――――――― プログラム 12-13（キーボードによる操作） ――――――――

```
1   ...
2
3   void keyPressed(){
4     ...
5
6     if(isPlaying){
7       // 処理 1 (2D表示モードと3D表示モードで場合分け)
8       if(mode3D){ // 3D表示モードの場合
9         // 処理 2 (矢印キーが押されたときの処理)
10        // 処理 2 (a) (↑キーが押されたとき)
11        if(keyCode == UP){ // ↑キーが押されたら
12          if(pieceDir == 0 && roadMap[pieceX+1][pieceY] != 1){
13            // 右を向いているとき，右のマスが壁でなければ
14            pieceX++; // pieceXを1増やす
15          }else if(           ){
16            // 下を向いているとき，下のマスが壁でなければ
17                          ; // pieceYを1増やす
18          }else if(           ){
19            // 左を向いているとき，左のマスが壁でなければ
20                          ; // pieceXを1減らす
21          }else if(           ){
22            // 上を向いているとき，上のマスが壁でなければ
23                          ; // pieceYを1減らす
24          }
25        }
26        // 処理 2 (b) (↓キーが押されたとき)
27        else if(keyCode == DOWN){ // ↓キーが押されたら
28          if(           ){
29                      ;
30          }else if(           ){
```

```
31                    □□□□□□□□□□;
32            }else if(□□□□□□□□□□){
33                    □□□□□□□□□□;
34            }else if(□□□□□□□□□□){
35                    □□□□□□□□□□;
36            }
37          }
38          // 処理 2 (c) (←キーが押されたとき)
39          else if(keyCode == LEFT){ // ←キーが押されたら
40            pieceDir = (pieceDir+3)%4; // 左にターン
41          }
42          // 処理 2 (d) (→キーが押されたとき)
43          else if(keyCode == RIGHT){ // →キーが押されたら
44            □□□□□□□□□□; //右にターン
45          }
46        }
47        else{ // 2D表示モードの場合（すでに書いてあるはずの部分）
48          if(keyCode == UP && pieceY > 0 && roadMap[pieceX][pieceY-1] != 1 ){
49            ...
50          }
51          ...
52        }
53     }
54     ...
55   }
56
57   ...
```

ここまでで，迷路の 3D 表示ができたはずである．プログラムをスタートすると，2D 表示の迷路盤が表示される．'r' キーを何回か押して，迷路を生成させた後，'M' キーを押して，3D 表示できることを確認せよ．

次に，'k' キーを押して，キーボードプレイを開始する．3D 表示された迷路で，矢印キーで前後への移動，左右への方向転換ができることを確認せよ．さらに，'s' キーを押すと，3D 表示の状態で自動的に迷路を進み，ゴールに到着できることを確認せよ．

ここまでで，迷路ゲームの基本的な部分が完成した．これから，自分のアイディアで機能を拡張してみよう．例えば，迷路盤のサイズを変えられるようにしたり，別のアルゴリズムで探索するなどが考えられる．

付録　本書で使用している関数・システム変数一覧

【構造】

size(w, h)	w（横）× h（縦）のウィンドウを作成
setup()	プログラムを実行したときに最初に 1 回呼ばれる関数 初期化などの設定を記述する
draw()	setup() の後に繰り返し呼ばれる関数
loop()	繰り返しの開始（再開）
noLoop()	繰り返しの停止
import ライブラリ名	指定されたライブラリのインポート

【環境】

width	ウィンドウの横の大きさを表すシステム変数
height	ウィンドウの縦の大きさを表すシステム変数
frameCount	実行を開始してから表示したフレーム数を表すシステム変数
frameRate(f)	フレームレートを f に設定

【図形（2 次元基本図形）】

rect(x, y, w, h)	左上が (x, y) の位置に幅 w，高さ h の矩形を描画
ellipse(x, y, w, h)	(x, y) を中心とする幅 w，高さ h の円（楕円）を描画
line(x1, y1, x2, y2)	(x1, y1) と (x2, y2) の 2 点を結ぶ直線を描画

【図形（3 次元基本図形）】

box(w)	原点を中心とする一辺の長さが w の立方体を描画
box(w, h, d)	原点を中心とする w×h×d の直方体を描画

【図形（属性）】

strokeWeight(w)	線の太さを w に設定

【図形（頂点）】

beginShape()	多角形の開始
endShape()	多角形の終了
vertex(x, y)	多角形の頂点を (x, y) に設定

【入力（マウス）】

mouseX	現在のマウスの x 座標を表すシステム変数
mouseY	現在のマウスの y 座標を表すシステム変数
pmouseX	前のフレームのマウスの x 座標を表すシステム変数
pmouseY	前のフレームのマウスの y 座標を表すシステム変数
mousePressed	マウスが押されているかを表すシステム変数 （押されていれば true）
mousePressed()	マウスが押されたときに呼び出される関数
mouseButton	押されているマウスのボタンを表すシステム変数

A. 本書で使用している関数・システム変数一覧

【入力（キーボード）】

keyPressed	キーが押されているかを表すシステム変数（押されていれば true）
keyPressed()	キーが押されたときに呼び出される関数
key	押されているキーの種類を表すシステム変数
keyCode	key が CODED の場合のキーの種類を表すシステム変数

【時間】

hour()	現在の時刻の時を取得
minute()	現在の時刻の分を取得
second()	現在の時刻の秒を取得
millis()	実行開始からの時間をミリ秒単位で取得

【出力（コンソール）】

println(data)	文字列や変数の値（data）をコンソールに表示（改行あり）
print(data)	文字列や変数の値（data）をコンソールに表示（改行なし）
nf(v, d)	値 v を d 桁で表示

【色】

background(gray)	背景を明るさ gray の灰色に設定（0 ≤ gray ≤ 255）
background(r, g, b)	背景を (r,g,b) の色に設定（0 ≤ r, g, b ≤ 255）
background(h, s, b)	背景を色相が h，彩度が s，明度が b の色に設定
stroke()	線の色を設定 色の指定方法は関数 background() と同じ
fill()	塗りつぶしの色を設定 色の指定方法は関数 background() と同じ
noStroke()	輪郭線を描かないように設定
noFill()	塗りつぶしをしないように設定
colorMode(HSB, hmax, smax, bmax)	カラーモードを HSB に設定し，色相の範囲を 0〜hmax，彩度の範囲を 0〜smax，明度の範囲を 0〜bmax に設定

【画像（読み込みと表示）】

PImage	画像を格納するためのデータ型
loadImage(file)	画像ファイル file のデータの読み込み
image(data, x, y)	PImage 型の画像データ data を (x, y) の位置に表示

【文字】

text(ch, x, y)	(x, y) の位置に文字 ch を表示
text(str, x, y)	(x, y) の位置に文字列 str を表示

【文字（属性）】

textSize(s)	文字のサイズを s に設定
textAlign(halign, valign)	文字を表示する位置の揃え方の設定 水平方向の位置揃え（halign）と垂直方向の位置揃え（valign）を指定

A. 本書で使用している関数・システム変数一覧

【変換】

translate(x, y)	原点を (x, y) に設定
pushMatrix()	移動前の座標系を保存
popMatrix()	移動前の座標系に戻す

【カメラ】

camera(x1, y1, z1, x2, y2, z2, x3, y3, z3)	視点の位置が (x1, y1, z1)、視野の中心の位置が (x2, y2, z2)、視野の天地（上下の方向）が (x3, y3, z3) にカメラを設定
perspective(fov, ar, near, far)	視野角 fov、視野の縦横比 ar、視野の一番近い面までの距離 near、視野の一番遠い面までの距離 far に遠近法を設定

【数学】

sin(x)	$\sin(x)$ （x はラジアン）
cos(x)	$\cos(x)$ （x はラジアン）
radians(d)	度 (d) をラジアンに変換
random(a)	0 以上 a 未満の float 型の乱数を生成
random(a, b)	a 以上 b 未満の float 型の乱数を生成
max(a, b)	a と b のうち大きい方の値を返す
max(a)	配列 a の要素の中で最大のものを返す
min(a, b)	a と b のうち小さい方の値を返す
min(a)	配列 a の要素の中で最小のものを返す
abs(x)	x の絶対値
dist(x1, y1, x2, y2)	2 点 (x1, y1) と (x2, y2) の距離を求める

【定数】

PI	π
TWO_PI	2π

【Minim】

Minim	音声情報を扱うための型（クラス）
AudioPlayer	音声ファイルを扱うための型（クラス）
loadFile("ファイル名", b)	ファイル読み込みを行う際の設定 バッファのサイズを b に設定
bufferSize()	音声データのバッファのサイズ
left.get(i)	バッファに保存されているステレオの左側の信号の i 番目のものを取得
right.get(i)	バッファに保存されているステレオの右側の信号の i 番目のものを取得
mix.get(i)	バッファに保存されているステレオの左右の信号を合成したものの i 番目のものを取得
left.level()	バッファに保存されているステレオの左側の信号の RMS 値を取得
right.level()	バッファに保存されているステレオの右側の信号の RMS 値を取得
close()	（音声信号の読み込みの）終了
stop()	（プログラムやライブラリなどの）終了

索　　引

【い】
入れ子　17
インクリメント　13
インデント　15

【え】
遠近法　156

【お】
音波　94

【か】
型　11
関数　6, 43

【き】
キャンバス　5

【く】
繰り返し文　14
グレースケール　5

【こ】
コンソール　2

【さ】
彩度　106
サンプリング　95

サンプリング周波数　95

【し】
色相　106
字下げ　15
システム変数　19
視点　156
視野角　157

【す】
スケッチ　2
ステレオ　99

【そ】
疎密波　94

【た】
代入演算子　13
多次元配列　57

【て】
デクリメント　13

【ね】
ネスト　17

【は】
配列　51
配列の長さ　52

【ひ】
引数　6, 43
ピクセル　5
標本化　95

【へ】
変数　11

【め】
明度　106
メッセージエリア　2

【も】
戻り値　43
モノラル　99

【よ】
要素数　52
予約語　11

【ら】
ライブラリ　96
乱数　46

【り】
量子化　95
量子化ビット数　95

【F】
for文　14

【H】
HSB　106

【I】
if文　22

【M】
minim　96

【P】
PCM　95

【R】
return　48

【S】
switch文　24

【V】
void　44

【数字】
1次元配列　57
2次元配列　57

―― 著者略歴 ――

長名　優子（おさな　ゆうこ）
- 1996年　慶應義塾大学理工学部電気工学科卒業
- 1998年　慶應義塾大学大学院理工学研究科修士課程修了（電気工学専攻）
- 1998年　日本学術振興会特別研究員（博士課程在学中）
- 2001年　慶應義塾大学大学院理工学研究科博士課程修了（電気工学専攻），博士（工学）
- 2001年　東京工科大学助手
- 2003年　東京工科大学講師
- 2012年　東京工科大学准教授
        現在に至る

石畑　宏明（いしはた　ひろあき）
- 1980年　早稲田大学理工学部電子通信学科卒業
- 1980年　株式会社富士通研究所入社
- 1996年　博士（工学）（早稲田大学）
- 2007年　東京工科大学教授
        現在に至る

菊池　眞之（きくち　まさゆき）
- 1994年　早稲田大学理工学部電気工学科卒業
- 1996年　大阪大学大学院基礎工学研究科博士前期課程修了（物理系専攻）
- 1996年　大阪大学大学院基礎工学研究科博士後期課程中退（物理系専攻）
- 1996年　大阪大学助手
- 1997年　大阪大学大学院助手
- 1999年　博士（工学）（大阪大学）
- 1999年　筑波大学助手
- 2003年　東京工科大学講師
        現在に至る

伊藤　雅仁（いとう　まさひと）
- 1998年　慶應義塾大学理工学部計測工学科卒業
- 2000年　慶應義塾大学大学院理工学研究科修士課程修了（計測工学専攻）
- 2002年　東京工科大学助手
- 2003年　慶應義塾大学大学院理工学研究科後期博士課程修了（開放環境科学専攻），博士（工学）
- 2003年　東京工科大学講師
        現在に至る

つくって学ぶProcessingプログラミング入門
Introduction to Processing Programming ―Learning by Making―
Ⓒ Yuko Osana, Hiroaki Ishihata, Masayuki Kikuchi, Masahito Ito 2017

2017年2月10日　初版第1刷発行　★
2018年1月20日　初版第2刷発行

検印省略	著　者	長　名　優　子 石　畑　宏　明 菊　池　眞　之 伊　藤　雅　仁
	発行者	株式会社　コロナ社 代表者　牛来真也
	印刷所	三美印刷株式会社
	製本所	有限会社　愛千製本所

112-0011　東京都文京区千石4-46-10
発行所　株式会社　コ ロ ナ 社
CORONA PUBLISHING CO., LTD.
Tokyo Japan
振替 00140-8-14844・電話(03)3941-3131(代)
ホームページ　http://www.coronasha.co.jp

ISBN 978-4-339-02872-0　C3055　Printed in Japan　　（大井）

＜出版者著作権管理機構　委託出版物＞
本書の無断複製は著作権法上での例外を除き禁じられています。複製される場合は，そのつど事前に，出版者著作権管理機構（電話 03-3513-6969，FAX 03-3513-6979, e-mail: info@jcopy.or.jp）の許諾を得てください。

本書のコピー，スキャン，デジタル化等の無断複製・転載は著作権法上での例外を除き禁じられています。購入者以外の第三者による本書の電子データ化及び電子書籍化は，いかなる場合も認めていません。
落丁・乱丁はお取替えいたします。